高职高专机电类规划教材

热加工实训

主　编　王　欣
副主编　陈淑惠
参　编　李淑清　王丽宁
　　　　赵　强　赵　辉
主　审　曹瑜强

机械工业出版社

本书包括铸造实训、锻压实训、焊接实训、钢铁热处理实训共四章，全书以铸造、焊接实训为主。书中内容充实，采用图文对照和列表说明，实用性强，便于实训教学。

本书可作为高职高专机电类各专业热加工实训教材，同时可供各类职业技术院校机电类专业选用。

图书在版编目（CIP）数据

热加工实训/王欣主编.—北京：机械工业出版社，2001.10（2025.6重印）

高职高专机电类规划教材

ISBN 978-7-111-09416-6

Ⅰ.热… Ⅱ.王… Ⅲ.热加工-高等学校：技术学校-教材 Ⅳ.TG306

中国版本图书馆CIP数据核字（2001）第068310号

机械工业出版社（北京市百万庄大街22号 邮政编码100037）

责任编辑：王海峰 倪少秋 版式设计：霍永明 责任校对：樊钟英

封面设计：方 芬 责任印制：单爱军

中煤（北京）印务有限公司印刷

2025年6月第1版·第11次印刷

184mm×260mm·7印张·168千字

标准书号：ISBN 978-7-111-09416-6

定价：25.00元

电话服务 网络服务

客服电话：010-88361066 机 工 官 网：www.cmpbook.com

010-88379833 机 工 官 博：weibo.com/cmp1952

010-68326294 金 书 网：www.golden-book.com

封底无防伪标均为盗版 机工教育服务网：www.cmpedu.com

前　　言

本书是根据高职高专教育机电类专业《教学实习》大纲中热加工部分编写的，国家机械行业热加工教学指导委员会2000年4月桂林会议决议中确定，该书作为职业技术教育机电类专业“十五”规划教材。

为适应对高职人才培养的要求，本书力求体现职业教育的特点，着眼于对学生职业素质和操作技能的培养。教材以实用内容为主，较系统地讲述了铸造、锻压、焊接和金属热处理基本知识及基本操作方法。

本书可作为高职高专院校机电类各专业的热加工实训教材，也可供各类职业技术学校机电类专业选用。

本书由陕西工业职业技术学院王欣任主编，陈淑惠任副主编。参编人员有沈阳机电工业学校李淑清、华北机电学校王丽宁、河北省机电学校赵强、新疆机电工业学校赵辉。

本书由陕西工业职业技术学院曹瑜强主审。参加审稿工作的还有袁森、王晓江等同志。在编写过程中，还得到了李明珠、燕样样、郭新玲、原建伟等老师的大力支持与帮助，在此特表示衷心的感谢。

由于编者水平有限，书中缺点错误在所难免，恳请读者批评指正。

编　者

目　录

绪 论

热加工实训是高职高专机电类专业教学计划中的一个重要环节，也是培养高级应用型、技能型的现场技术和管理人才必不可少的基础技术训练之一，并且与金属工艺学及专业课程有着密切的联系。

热加工实训的内容，包括机械制造过程中的毛坯制造（即铸造、锻压、焊接）和加工工艺过程中改变金属材料组织及力学性能的热处理方法。

通过热加工实训，使学生了解毛坯的制造过程，并初步掌握热加工常见工种的加工方法和操作技能，为金属工艺学及相关专业课的学习打下基础，也为今后从事生产现场技术和管理工作奠定初步的实践基础。

热加工实训是实践性很强的课程。在实训期间要求每个学生必须按照教学大纲的规定学会独立操作，熟悉各工种加工方法的特点及应用范围。因此，在实训过程中，学生要在指导教师和技术人员的指导下，通过观察、操作、思考、讨论，在较短的时间内，学习和掌握热加工各工种的基本操作要领。

对本教材内容处理及教学法建议：

1）在基本知识方面介绍了各种热加工方法的特点和应用、主要设备的组成、常用工具及功用、金属材料常识及安全生产知识。该部分内容以学生自学为主，可结合现场参观做选择性讲解示范，力求生动具体，使学生容易接受。

2）在基本操作方法中，对要求学生独立操作的内容如操作准备、操作步骤和操作要领做了详细介绍，要求学生在实习前必须预习，教师在现场操作示范后，让学生进行操作训练。

3）对各工种的实训教学部分，指导教师可根据具体专业的教学计划对学生提出要求。

4）在每章的内容中附有操作实训题和复习思考题。操作实训题偏重于培养学生应用所学知识进行独立操作的能力。复习思考题则偏重于基本概念，指导学生阅读教材和复习总结。

5）为使学生将所掌握的实践知识系统化，对热加工的生产过程有一个完整的概念，教学方法应灵活多样，可以讲解演示，也可以组织讨论和总结，还可以看电视录象、专题教学片等，使教学过程生动活泼。

6）让学生了解工业企业技术经济分析和管理的基本知识。

为了保证实训的顺利进行，学生在实训中必须做到以下几个方面：

1）按时上下班，遵守劳动纪律。

2）接受安全教育，遵守安全操作规程，服从安全技术指导。

3）认真听取指导教师的讲解，仔细观察示范操作。

4）在指定岗位上进行实训，不得串岗。

5）实训时，应严肃认真，细心操作，爱护设备和工具，注意节约器材。

6）保持工作岗位整洁。下班前应将所有设备和工具整理清洁，妥善保管。

第一章 铸造实训

教学要求：

1）了解铸造生产工艺过程及其特点和应用。

2）了解型砂、芯砂等造型材料的性能、组成及其制备过程。

3）分清砂型铸造的零件、模样和铸件在形状和尺寸上有何区别。

4）了解砂型铸造主要造型方法的工艺过程、特点与应用，并进行独立操作。

5）了解冲天炉的结构特点、炉料及铸铁的熔炼和浇注，参加开炉和浇注作业。

6）熟悉铸件常见缺陷的名称和特征，能对其产生原因进行分析。

第一节 概 述

一、铸造的定义

铸造是将金属熔化并浇注到与零件形状相适应的铸型型腔中，待其冷却凝固后，经清理获得毛坯与零件的方法。

这种方法生产出的毛坯与零件统称为铸件。铸件一般作为零件的毛坯，需经过机械加工后才能成为零件。但若采用精密铸造方法或对零件的精度要求不高时，铸件也可不经加工直接作为零件使用。

二、铸造生产的特点、分类及应用

1. 铸造生产的特点

（1）适应性强　可铸造出各种合金、任何复杂外形和内腔的铸件；铸件的重量范围，小至几克，大至数百吨；既适应单件小批生产，也适应大批量生产。

（2）生产成本较低　铸件形状、尺寸与零件相似，可节省切削加工工时，减少原材料的消耗；铸造用大部分原材料来源广，价格低；此外，废旧金属可回炉重熔，故铸件成本较低。铸件重量在一般机器中占40%～80%，但它的成本仅占总成本的25%～30%。

（3）存在问题　由于铸造生产工艺过程复杂，影响铸件质量的因素很多。若技术和管理措施不当，在生产过程中常常会产生气孔、夹渣、浇不足、晶粒粗大等铸件缺陷，使铸件的力学性能比锻件低，因而限制了铸件的应用范围。另外，铸造生产条件较差，劳动强度高。这些都有待于进一步改善。

2. 铸造方法分类及应用

铸造方法很多，基本可分为砂型铸造和特种铸造两大类，其中砂型铸造应用较广。

砂型铸造是用型砂紧实成铸型的铸造方法。砂型铸造具有较大的灵活性，对不同的生产规模，不同的铸造合金都能适应，因此应用最为广泛。除砂型铸造外的其它铸造方法称为特种铸造，如金属型铸造、压力铸造、离心铸造、熔模铸造等。本章仅介绍砂型铸造方法，对于特种铸造可采用现场参观或看录象的方法加以了解。

三、砂型铸造基本工艺过程、铸型的组成

在铸造生产中，将液体金属浇入砂质铸型中，待冷却凝固后，将铸型破坏取出铸件的方法称为砂型铸造。砂型铸造方法简便，成本低。所生产的铸件约占铸件总量的80%～90%，是主要的铸件生产方法。

1. 砂型铸造基本工艺过程

砂型铸造基本工艺过程如图1－1所示，其主要工序包括：模样和型芯盒制造、制备型砂和芯砂、造型、造芯、熔化金属、合型浇注、落砂清理、检验等。

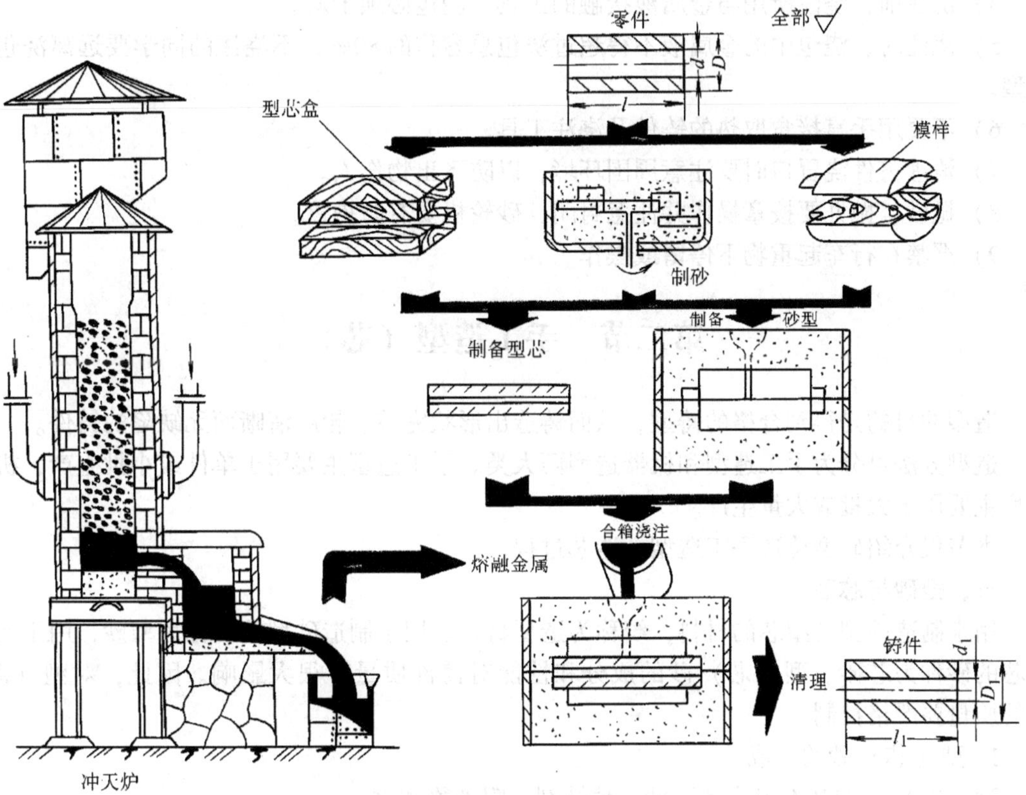

图1－1　砂型铸造的基本工艺过程

2. 铸型的组成

图1－2所示为一铸型装配图，它主要由上砂型、下砂型、浇注系统、型腔、砂芯和出气孔等组成。浇注系统是将金属液导入型腔的通道，并兼有挡渣作用，对铸件质量影响很大。分型面是铸型上下砂型的接触面，一般也是模样的分模面。型腔是用模样在砂型中形成的铸件的外形。型芯主要是用来形成铸件上的孔和内腔形状。出气孔、型芯通气孔是用来将浇注过程中型腔和型芯所产生的气体排出铸型外，防止铸件产生气孔等缺陷。

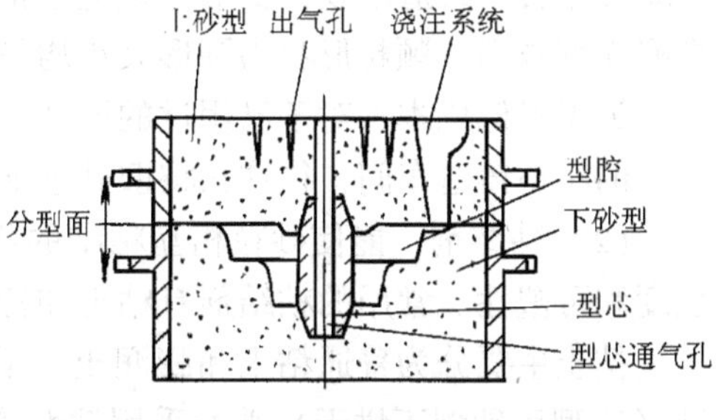

图1－2　铸型的组成

四、铸造生产安全知识

安全知识是针对人身事故，采取各种技术和组织措施，预防工伤事故的发生，消除生产中对人身危害的因素。在铸造生产中，对人身危害的主要因素有烫伤害、喷溅伤害、机械伤害和碰砸伤害等。实习中除要严格遵守各工种的操作规程外，还应注意以下问题：

1）工作时要穿工作服、劳保鞋，戴安全帽、防护眼镜等。

2）砂箱堆放要平稳，不要过高。

3）造型时不可用嘴吹型（芯）砂。

4）浇注前，浇注所用与金属液接触的工具、浇包必须干燥。

5）浇注时，浇包中的金属液不得超过浇包总容积的80%，不浇注的同学要远离浇包和铸型。

6）不要用手直接拿取热的铸件及浇注工具。

7）清理铸件浇冒口时要注意周围环境，以防飞出物伤人。

8）抛砂、抛丸要按章操作并注意封闭，砂轮机要有防护罩。

9）严禁在行车起重物下停留或操作。

第二节　手工造型（芯）

造型的目的是得到合格的铸型，从而铸造出形状完整、轮廓清晰而无缺陷的铸件。

造型方法可分为手工造型和机器造型两大类。手工造型主要用于单件或小批生产，机器造型主要用于大批或大量生产。

本节仅介绍砂型铸造手工造型、造芯过程。

一、型砂与芯砂

用来制造砂型与型芯的材料，统称为造型材料。用于制造砂型的砂称为型砂，用于制造型芯的砂称为芯砂。型（芯）砂的成分和性能对铸件质量有很大影响。因此，对型（芯）砂的质量要严格控制。

1. 型（芯）砂的组成

型（芯）砂的基本组成是原砂、粘结剂、附加物和水。

（1）原砂　即新砂，它的主要成分是二氧化硅（SiO_2），其颗粒坚硬，耐火度可达1700℃左右。铸造用砂，要求二氧化硅的质量分数为85%～97%。原砂中二氧化硅含量越高耐火度越高，颗粒形状为圆形大小均匀则透气性好。

为了降低成本，对于已用过的旧砂，经过适当处理后还可以掺在型砂中使用。对于手工生产的小型铸造车间，往往只将旧砂过筛，以去除砂团、铁块、铁钉、木片等杂物。

（2）粘结剂　能使砂粒相互粘结的物质称为粘结剂。加入粘结剂后可使型砂具有一定强度和可塑性。常用的粘结剂有粘土和特殊粘结剂两大类。

粘土主要分为普通粘土和膨润土。干型（造型后将砂型烘干）一般用普通粘土，而湿型（造型后砂型不烘干）普遍采用粘性较好的膨润土。

特殊粘结剂：如水玻璃、桐油、树脂等。此类粘结剂价格较贵，主要用于配制一些特殊工艺要求的型（芯）砂。

（3）附加物　为改善型（芯）砂的某些性能而加入的材料称为附加物。例如，湿型砂中加入煤粉、重油，浇注时在高温金属液作用下燃烧形成气膜，隔绝金属液与铸型内腔的直接作用可防止粘砂，提高铸件表面质量。在需要烘干的砂型和砂芯的型（芯）砂中加入木屑，型（芯）砂经烘烤后木屑被烧去留下一定空隙，可提高型（芯）砂的透气性和退让性。

（4）水　粘土砂中的水分对型砂的性能和铸件的质量影响很大。水分过多，易使型砂湿度过大，强度低，造型时易粘模，使造型操作困难；水分过少，型砂则干而脆，造型起模困难。因此，水分要适当，一般当粘土与水分的重量比为 3∶1 时型砂的强度达最大值。

2. 对型（芯）砂性能的要求

（1）强度　是指型（芯）砂抵抗各种外力作用的能力。强度过低，易造成塌箱、掉砂、甚至被金属液冲毁、造成砂眼、夹渣等缺陷。强度过高，则易使型（芯）砂透气性和退让性变坏。

型砂的强度随粘土的含量和砂型紧实度的增加而增加。砂子的粒度越细，强度愈高。含水量对强度也有很大影响，过多或过少均使强度降低。

（2）透气性　紧实后型（芯）砂允许气体通过的能力称为透气性。透气性不好，易在铸件内产生气孔，或在浇注时产生沸腾（呛火）现象，使铸件报废，严重时使金属液喷溅，造成人身事故。

型砂的颗粒粗大、均匀且为圆形，粘土含量少，水分适当且混合均匀，舂砂紧实度合适，则透气性较好；反之，则透气性差。

（3）可塑性　型（芯）砂在外力作用下变形，外力去除后仍能保持其变形和清晰轮廓的能力称为可塑性。可塑性好的型砂容易变形，便于制做形状复杂的砂型，起模、修型都较容易。

（4）耐火性　型（芯）砂在高温液态金属作用下，不软化、不熔融的性能称为耐火性。通常用型砂的烧结温度来衡量。耐火性差，型（芯）砂将粘在铸件表面，使铸件清理和切削加工困难，严重时会使铸件报废。

二氧化硅含量高而杂质少时，其耐火性好。圆形和大颗粒砂比多角形和细小颗粒砂耐火性好。

（5）退让性　型（芯）砂随铸件冷却收缩是否易被压缩的性能称为退让性。退让性差的型砂，铸件冷却收缩受到阻碍，在铸件内部产生较大应力，严重时会引起铸件的变形甚至裂纹。

浇注后，型砂的高温强度愈低，其退让性愈好。

由于型芯在浇注时完全被高温金属液所包围。因此，芯砂对上述性能的要求比型砂更高。此外，还要求芯砂的吸湿性要小、发气量要少及落砂性要好等。

3. 型（芯）砂的制备

型（芯）砂按所用粘结剂的不同可分为：粘土砂、水玻璃砂、桐油砂、合脂砂、树脂砂等。其中粘土砂的应用最为广泛。

按造型后是否烘干又可分为：干型砂和湿型砂。

在同一砂型内，与金属液接触的面层型砂比背部型砂要求高。因此，型砂又有面砂和背砂（又称填充砂）之分。在大批量生产或机械化造型中为了提高生产率，简化操作，往往不分面砂和背砂，而只用一种型砂，称为单一砂。

（1）型（芯）砂常用配比　型（芯）砂组成物应按一定比例配制，以保证一定的性能。

下面以粘土质型（芯）砂为例，供参考。

小型铸铁件湿型砂配比：新砂 10% ~20%，旧砂 80% ~90%；另加膨润土 2% ~3%，煤粉 2% ~3%，水 4% ~5%。

中小型铸铁件芯砂配比：新砂 40%，旧砂 60%；另加粘土 5% ~7%，纸浆 2% ~3%，水 7.5% ~8.5%。

型（芯）砂的性能不仅决定与其配比，还与配砂的工艺操作有关，如加料顺序、混碾时间等。混碾愈均匀，型（芯）砂的性能愈好。

型（芯）砂的混制是在混砂机中进行的，图 1 –3 所示为碾轮式混砂机。在碾轮的碾压和揉搓作用下，将各种原材料混合均匀并形成如图 1 –4 所示的型砂结构。

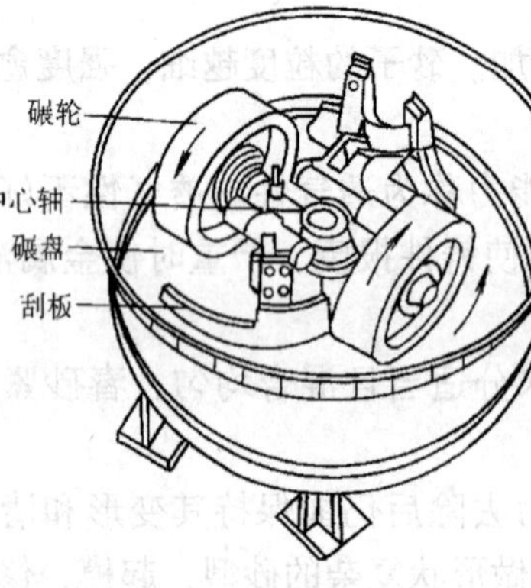

图 1 –3　碾轮式混砂机

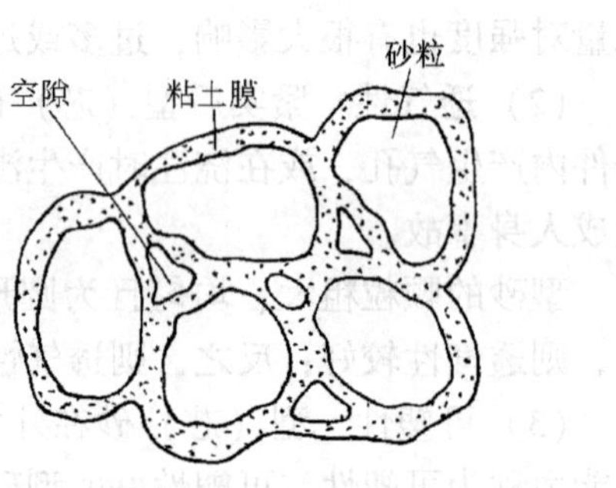

图 1 –4　砂型结构示意图

（2）湿型砂的配制工艺过程

1）加料。按一定比例加入新砂、旧砂、粘土（或膨润土）和煤粉等材料。

2）干混。干混 3 ~4min，使各种原材料充分混合，粘土均匀分布在每一砂粒表面。

3）加水湿混。湿型面砂 6 ~8min，背砂 4 ~5min 为宜。混碾时间过短，原材料没有混匀，粘土来不及充分吸水形成粘土膜包缚在砂粒表面，型砂性能差。混碾时间过长，会引起型砂温度升高，水分蒸发，型砂碾压过紧，会使型砂结块及粘土膜破裂等，型砂性能也会下降。

4）出砂、松砂及调匀。从混砂机出砂口出砂后，一般要经过松砂机松砂，将砂团打碎。经过松砂的型砂应放置 3 ~4h，使型砂中水分充分均匀，称调匀或回性。经调匀的型砂，可塑性、强度都能得到明显提高而且造型时不粘模。

4. 型砂的检验

在大量生产的铸造车间，一般用型砂性能试验仪，对型砂性能进行检验。在单件小批生产时，可用手攥法检验型砂，如图 1 –5 所示。用手攥一把型砂，感到柔软容易变形、不粘手，手放开后可看出明显的手纹，掰断时端面不粉碎，就说明型砂的性能合格。

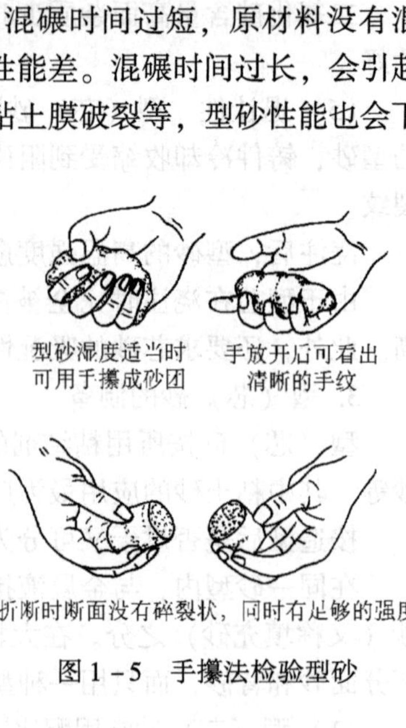

图 1 –5　手攥法检验型砂

二、模样与芯盒的制造

模样与芯盒是造型和造芯用的模具。模样是用来造型，以形成铸件的外形。芯盒是用来造芯，以形成铸件的内腔。小批量生产时，一般使用木材制造模样和芯盒；大批量生产时，常用强度较高的铝合金或塑料制造。

1. 模样工艺数据的确定

在制造模样和芯盒之前，要以零件图为依据，考虑铸造的工艺特点，绘制铸造工艺图。绘制铸造工艺图时应考虑如下问题：

（1）分型面　分型面是指上砂型与下砂型的分界面。分型面的选择，应在保证铸件质量的前提下，尽量使造型、起模方便。分型面的位置在铸造工艺图上用线条标出，并加箭头表示上型和下型。

（2）加工余量　铸件上有些部位需要进行加工，制造模样时，要相应地留出加工余量，加工余量的大小和铸件尺寸、合金种类及造型方法有关。一般小型灰铸铁件的加工余量为3～5mm。此外，铸铁件上直径小于25mm的孔，一般不宜铸出，待切削加工时用钻孔方法钻出。

（3）起模斜度　为了便于造型时起模或从芯盒中取出砂芯，模样（或芯盒）在垂直于分型面的模样侧壁要有斜度，称为起模斜度。木模的起模斜度一般为0.5°～4°。

（4）铸造圆角　模样上壁与壁之间的交角应采用圆角过渡，可防止铸件应力集中而引起的裂纹，也便于造型。一般中小件的圆角半径为$R=3\sim5$mm。

（5）收缩余量　金属液在砂型中凝固时要收缩，为了补偿铸件收缩，模样比铸件图样尺寸增大的数值，称为收缩余量。

收缩余量主要根据合金的收缩率来确定。各种铸造合金的线收缩率：灰铸铁为1.0%，铸钢为2.0%，铜、铝合金为1.5%。例如，有一灰铸铁件的长度为100mm，线收缩率为1.0%，则收缩余量为1mm，模样长度应为101mm。

木模车间在制作和检验模样时都是使用专门的“缩尺”来度量的，缩尺是按合金的线收缩率放大而做成，如收缩率为1%的缩尺上1mm表示实际尺寸1.01mm。常用的缩尺有1.0%，1.5%和2.0%。

（6）芯头和芯座　为了便于安放和固定砂芯，在模样和芯盒上应分别做出芯座和芯头。芯座应比芯头稍大一些，两者之差即为下芯时所需要的间隙。对于一般中小型芯，此间隙为0.25～1.5mm。

2. 制模工艺过程

（1）绘制木模图　根据铸造工艺图用“缩尺”在木板或胶合板上，按实际尺寸绘制模样的主要投影面，叫做放样。木模工根据放样图确定木模具体结构。图1－6所示为铸造工艺图及木模图。

（2）制备木材坯料　木材坯料通常是用几块木材按纹路的不同方向交错粘和起来的，这样可以提高木模强度和减少翘曲变形。

（3）加工、装配　用手工工具和木工机器对坯料进行加工，各部分加工完成后再进行装配。

（4）检验、涂漆　对装配好的模样和芯盒，要对照铸造工艺图进行检验。合格后，在模样表面涂酒精漆片（虫胶）以使表面光滑，不易吸潮。此外，要用线条或颜色标出芯头和活

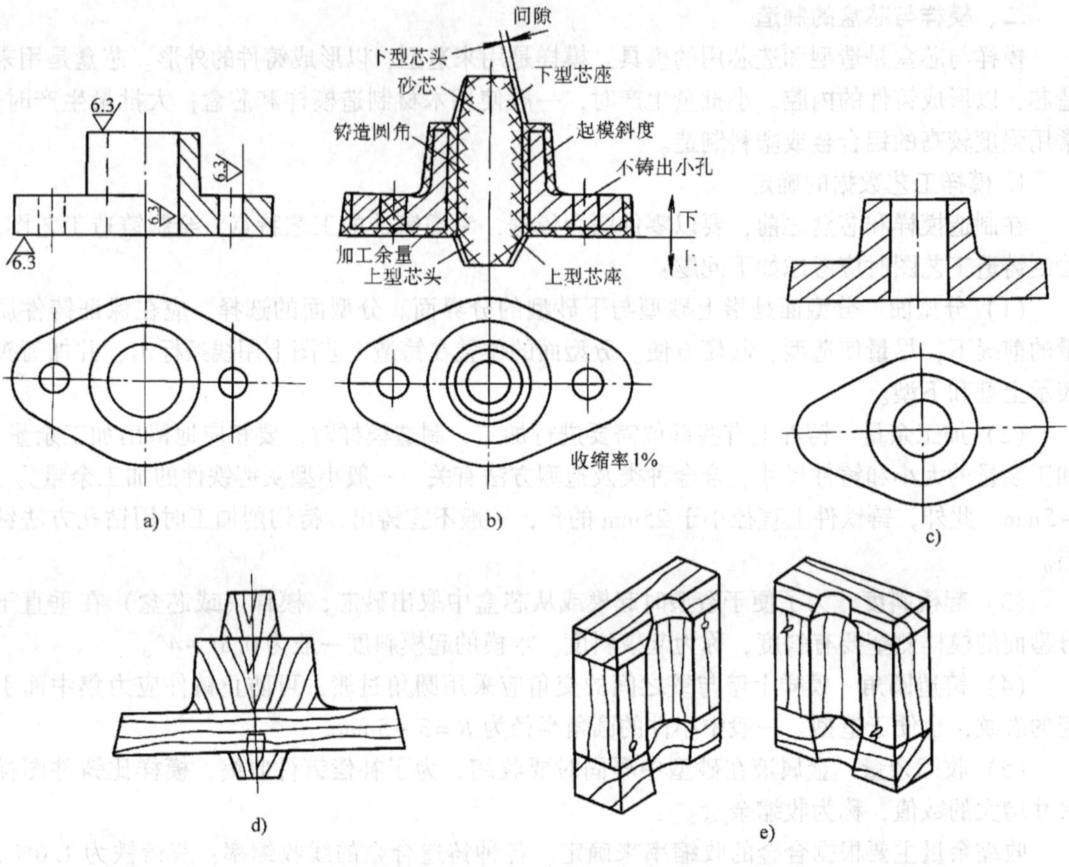

图 1-6 铸造工艺图及木模图

a）压盖零件图 b）铸造工艺图 c）铸件 d）木模图 e）芯盒

块部分，以便和木模本体加以区别，避免造型时出错。

三、手工造型的工具及砂箱

（1）造型工具　常用的造型工具如图 1-7 所示。

（2）修型工具　常用的修型工具如图 1-8 所示。

造出砂型或型芯后，还要用各种形状的修型工具将其损坏部分修补好，使砂型和型芯质量合格。

除造型工具和修型工具外，手工造型还要用到一些通用的工具：铁锹、筛子、钢丝钳、活扳手、掸笔、排笔、皮老虎（手风箱）、粉袋和手电筒等。

（3）砂箱　砂箱常用灰铸铁或铝合金制成，它的作用是在造型、运输和浇注时支承砂型，防止砂型变形或损坏。

四、手工造型基本步骤及操作要领

1. 确定模样在砂型中的位置

根据模样选择平直的底板和大小适当的砂箱。造型前将模样擦净，以免造型时型砂粘在模样上，起模时损坏型腔。安放模样时应注意以下几点：

1）安放模样应注意斜度方向，使得起模时能从砂型中顺利取出，不要放错，如图 1-9 所示。

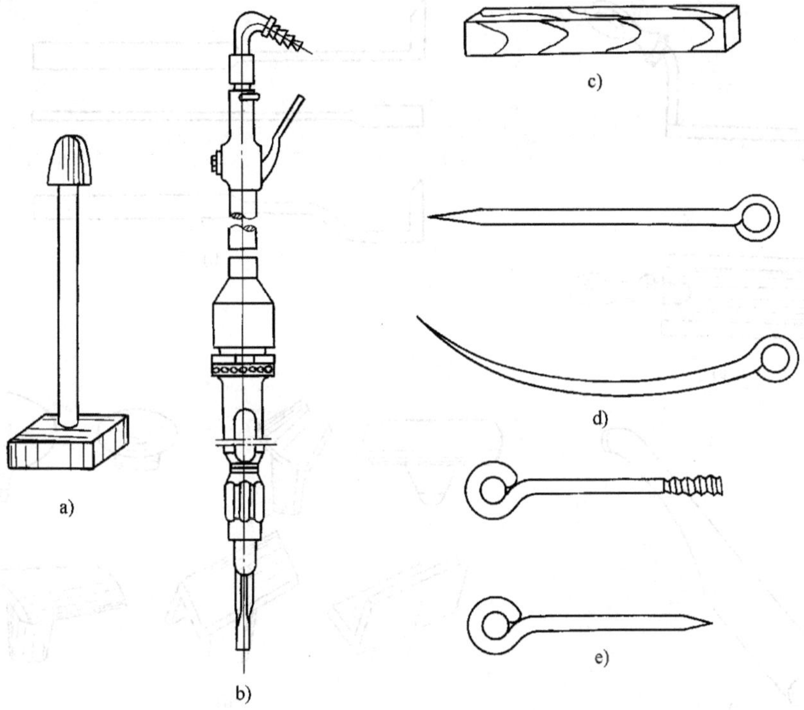

图 1-7　造型工具

a）砂冲　b）风冲子　c）刮板　d）通气针　e）起模针和起模钉

2）应留有浇冒口的安放位置。

3）因浇注时铸型底部金属液质量较好，故铸件的加工面，特别是重要加工面，在浇注时应尽量放在底面或侧面，避免放在顶面。金属液中夹杂物在铸型中上浮情况和铸件加工后的情况，如图 1-10、图 1-11 所示。

4）选择砂箱大小要合适，使得模样与砂箱内壁及顶部之间有适当的吃砂量，以防止浇注时跑火和型漏，如图 1-12 所示。

2. 填砂

在造型时若分有面砂和背砂，靠近模样的一层应填面砂。一般舂实后的面砂厚度应为 15～45mm，其余可用背砂分层填充，填砂时应注意以下几点：

1）开始向砂箱中填砂时，应用手将模样按住，并将模样周围的型砂塞紧，防止模样移动和模样周围型砂不紧，如图 1-13 所示。

填砂时每层填砂不宜太厚。一般用手工舂砂时每层厚度为 75～100mm 为宜，用风冲舂砂时每层厚度为 150～200mm 为宜。

2）为造型时起模方便，可在填砂前往模样表面喷涂一层滑石粉或煤油作为分模剂。

3）为防止铸型在翻转或搬运过程中塌箱，可在填砂前于砂箱内壁和箱带上涂一些泥浆或在有较大吊砂时下一些砂钩，以增强铸型的强度。

3. 舂砂

舂砂是一项技术性较强的工作。正确地舂砂，对造好型，提高铸件质量影响很大。舂砂时应注意：

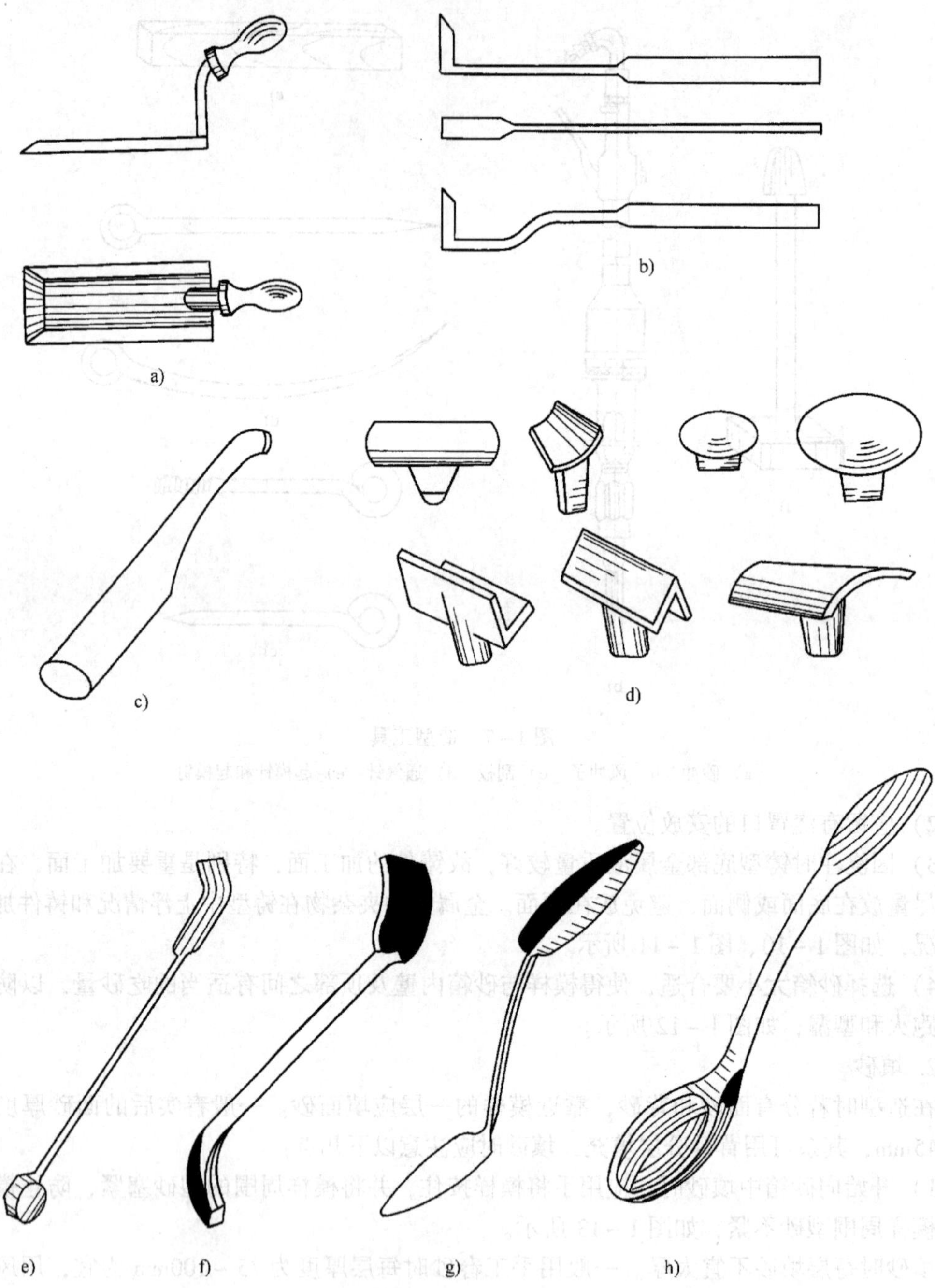

图 1-8　修型工具

a）墁刀　b）提钩　c）半圆　d）成型墁刀　e）圆头　f）法兰梗　g）压勺　h）双头铜勺

（1）砂型的硬度分布　砂型的硬度并不是愈紧实愈硬越好，因舂砂愈硬，砂粒间的接触愈紧密，砂型的透气性就愈差，使铸件容易产生气孔。所以舂砂时，砂箱壁和箱带处的砂型硬度比模样周围的硬度高一些。这样，既有利于浇注时铸型内气体的逸出，又可防止砂型在翻转吊运时的塌箱；砂型下部的硬度比上部要高一些，因为越往下，浇注时金属液的压强就

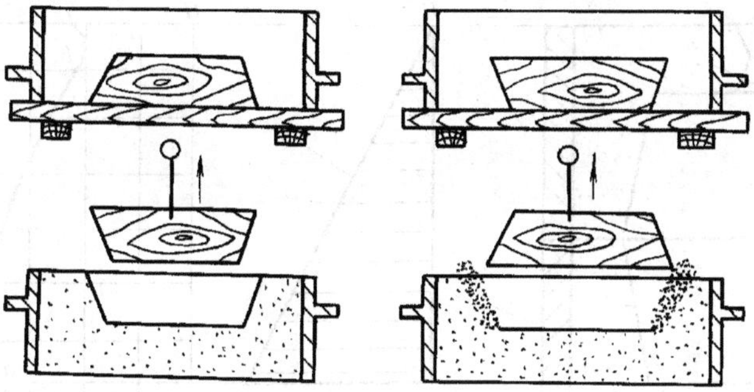

图 1-9　安放模样应注意斜度

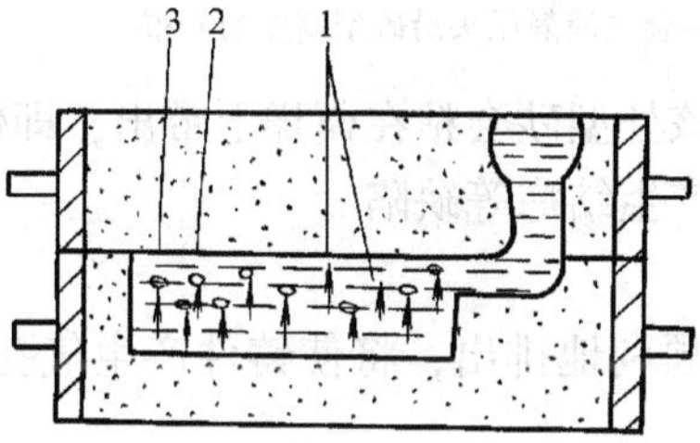

图 1-10　夹杂物在铸型中上浮情况

1—气泡　2—熔渣层　3—熔渣

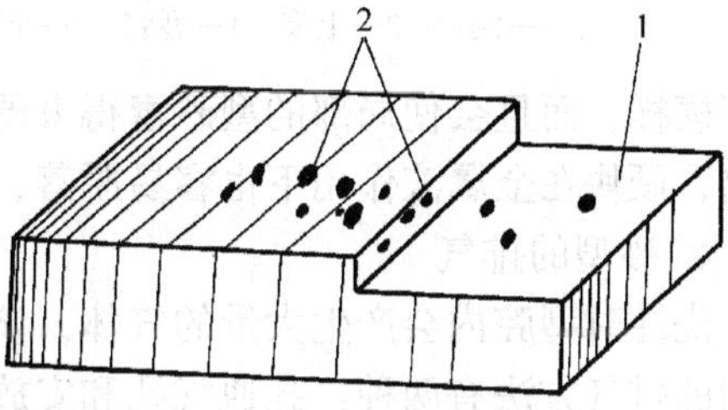

图 1-11　铸件加工后的情况

1—铸件　2—熔渣

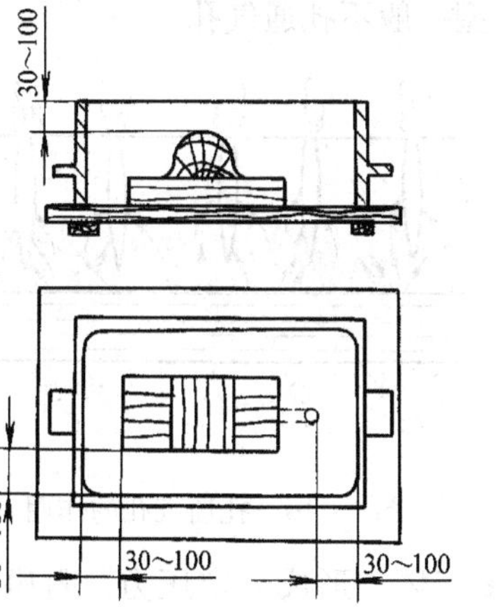

图 1-12　砂箱大小要合适

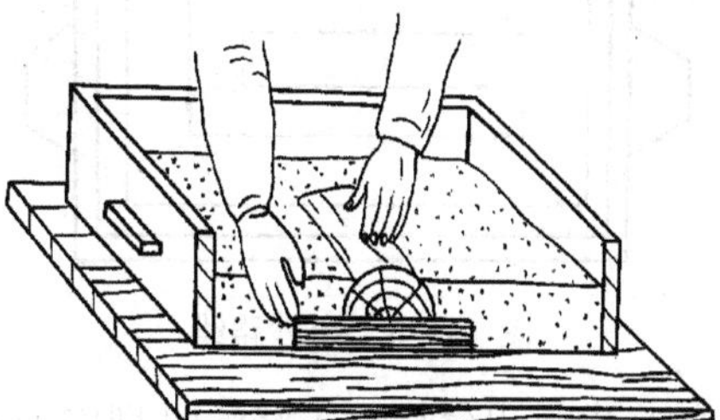

图 1-13　用手将模样周围的砂塞紧

愈大。如砂型下部的紧实度不够，铸件就会发生胀砂现象。所以，通常下砂型比上砂型舂的要紧实一些。图 1-14 所示为理想砂型硬度分布曲线。

（2）舂砂方法　先将模样周围用型砂固定，模样上如有凹陷或不易舂实的部分，用手塞紧或舂实。然后，按一定的舂砂路线均匀地顺序舂砂，如图 1-15 所示。对于有箱带的砂箱，应从箱带壁向里逐步将型砂舂实。舂砂时，应先用砂冲的扁头舂砂，以便各层之间结合的更好；用砂冲的平头舂实砂箱顶部的砂，最后用刮板刮去多余型砂。

（3）舂砂时砂冲头不可靠模样太近，应保持 20~40mm 的距离　因距离太近，不但容易

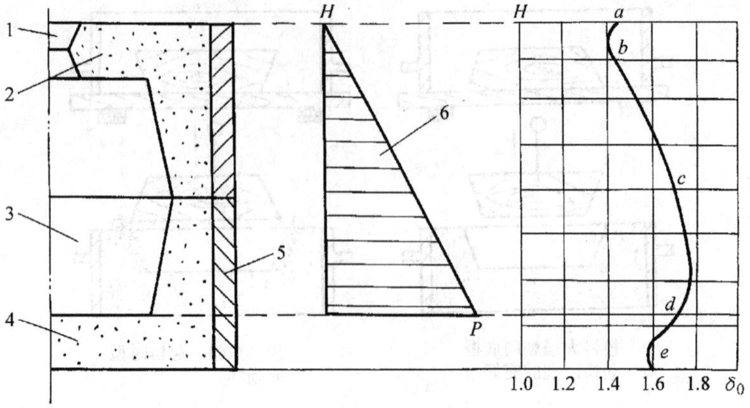

图 1－14 理想砂型硬度分布曲线

1—浇口 2—上型 3—型腔 4—下型 5—砂箱 6—金属液静压头沿砂型高度的分布

损坏模样，而且会使局部的型砂舂得太硬，在起模时该处型砂会粘在模样上带出，即使没被带出，硬块在金属液作用下也容易脱落，使铸件表面产生结疤等缺陷。

4. 砂型的排气

浇注时型腔内会产生大量的气体，该气体如不能顺利地排出，将使铸件产生气孔缺陷。常用的排气方法有两种：扎通气孔和安放出气冒口。

（1）扎通气孔 这是加强砂型排气最常用的方法。扎通气孔的作用，如图 1－16 所示。在上砂型舂实刮平后，用通气针扎出通气孔，通气孔的深度距模样 10～15mm，分布要均匀。通气孔应在砂型刮平后扎出，以免被堵死。下砂型一般不扎通气孔。

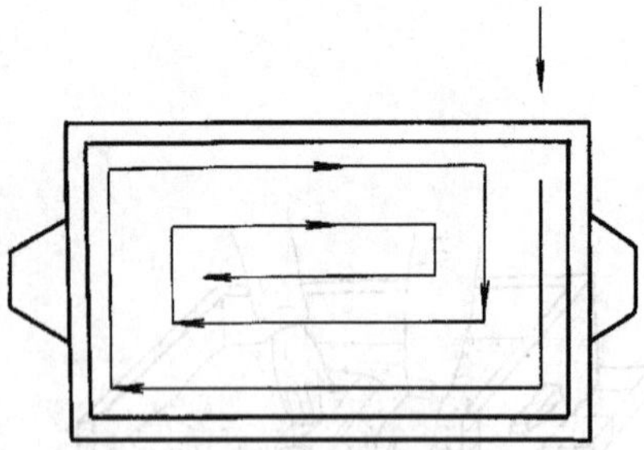

图 1－15 舂砂路线

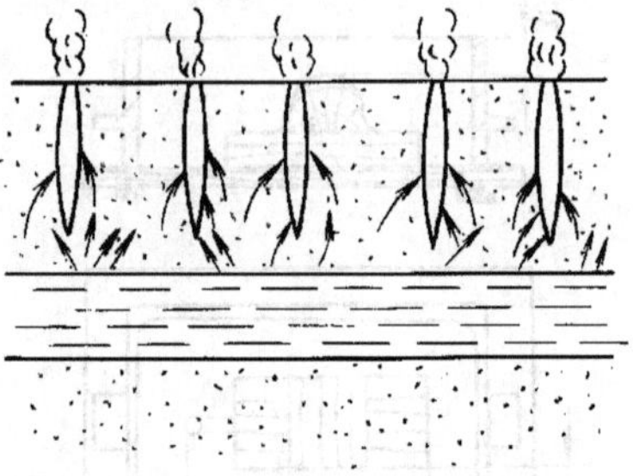

图 1－16 扎通气孔的作用

（2）安放出气冒口 浇注时型腔上部会聚集很多气体，形成一定压力，阻碍金属液充满型腔。尤其是在铸件上高出的凸台和细薄部位，极易产生浇不足的现象。若在这些部位安放出气冒口，便可有效地消除这种现象，如图 1－17 所示。

出气冒口的位置一般放在铸件的最高处，如图 1－18 所示；对于较细的铸件、薄板类铸件，常在浇口对面安放一个或几个出气冒口。

5. 撒分型砂

下型造好后将砂箱翻转 180°，在造上型之前，应在分型面上撒上分型砂，以防上、下型粘结在一起分不开箱。撒分型砂时应注意：

1）分型砂只能撒在砂面上，应将撒在模样上的分型砂轻轻吹去或扫掉，如图 1－19 所示。以免造上箱时，分型砂粘到上型腔表面上，浇注时被金属液冲落，在铸件中造成砂眼缺陷。

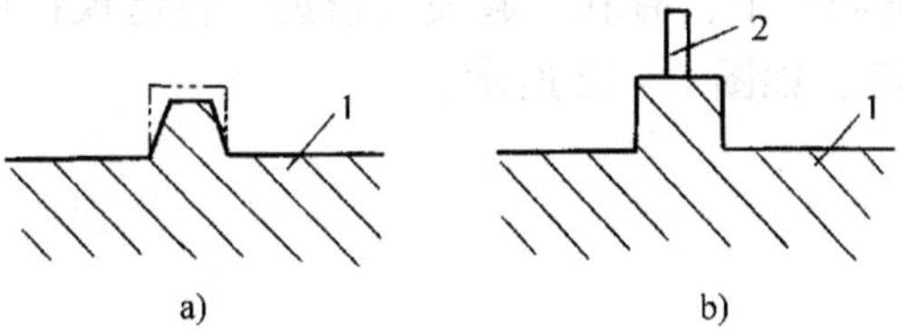

图 1-17　出气冒口的作用
a）无出气冒口　b）有出气冒口
1—铸件　2—出气冒口

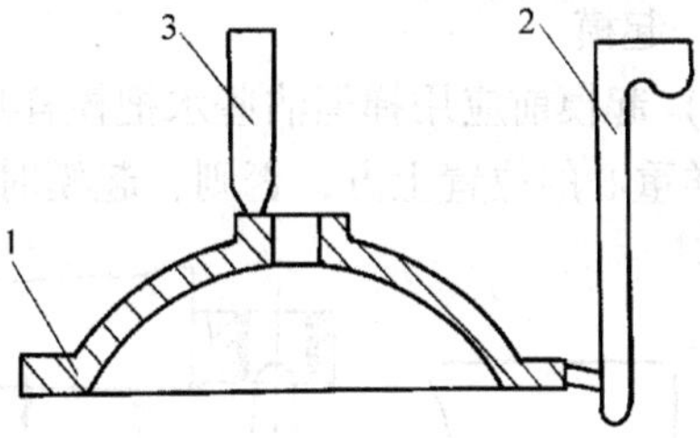

图 1-18　出气冒口的位置
1—铸件　2—浇口　3—出气冒口

2）若分型面有较大斜度时，撒上的分型砂不易留住时，可用纸或塑料薄膜覆在斜面上代替分型砂分型。

6. 砂型的定位

为保证合型时上、下型能按开型时的位置准确合型，必须对砂型进行定位。常用的定位方法有泥号定位和定位销定位。

（1）泥号定位　做泥号定位，应在上型舂实后开型前进行。将泥状细砂用墁刀粘敷在上、下型的分型面处，用墁刀抹平，先沿上、下型之间横划一下，使上、下型的泥号分开，再用墁刀划出两道与分型面垂直的定位线，称泥号。湿型一般用粉笔打底，再用划针和直尺划出两道细直线定位，称粉笔号。泥号要做在前、左、右三个侧面上且沿砂箱两直角边最远处，以保证合型的定位精度，如图 1-20 所示。

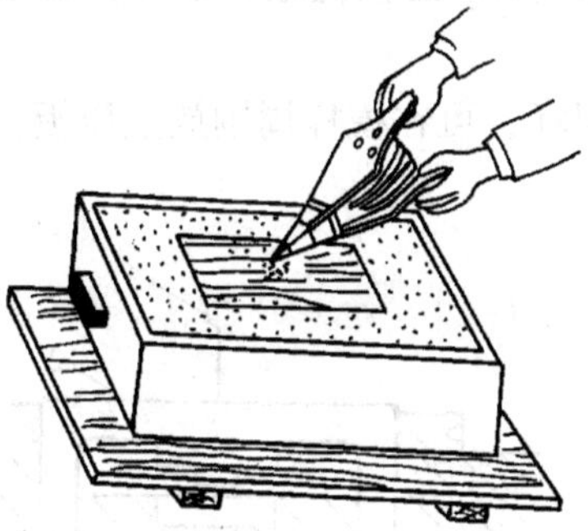

图 1-19　应将模样上的分型砂吹掉

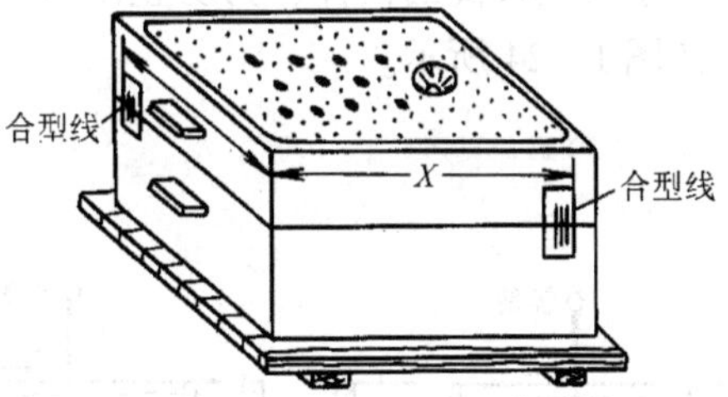

图 1-20　沿砂箱两直角边最远处做合型线

（2）定位销定位　在标准砂箱上设计有定位销装置，用定位销定位要比泥号定位方便、准确。常用的定位销定位有插销法和套销法，如图 1-21 所示。

7. 开型

从下型上取下上型称开型。开型时，一定要认真、仔细，否则会加大修型工作量。开型操作时应注意：

1）先用橡皮榔头在上砂箱手把上稍微左右敲动，使型腔和模样间产生一微小间隙，以免开型时型腔损坏。

2）上型必须垂直抬起。若两人以上合作开型时，应由一人指挥。较大的上型用吊车开型时，要把吊钩调整到上型重心的上方，并调节几根起重钢丝绳使松紧程度一致，然后起吊。

8. 起模

1）起模前应用掸笔沾些水把模样周围稍微湿润一下，有利于起模后修型。将起模针钉在模样重心的位置上方，否则，起模时会碰坏型腔，如图 1－22 所示。

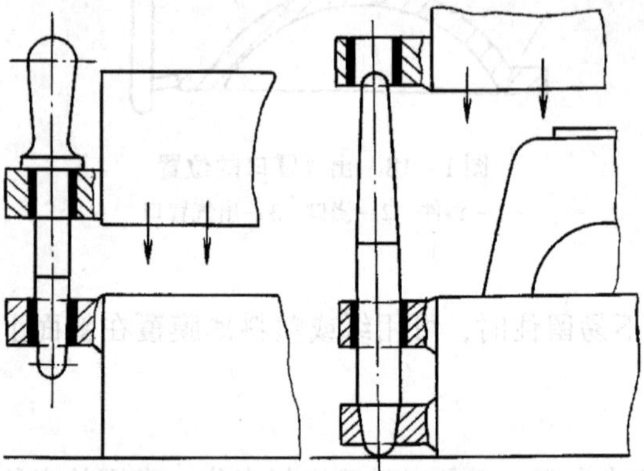

图 1－21　用定位销定位

a）用于低型砂箱的插销法　b）用于高型砂箱的套销法

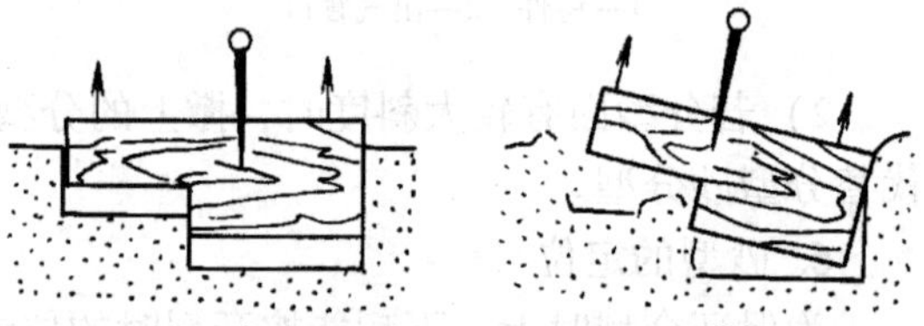

图 1－22　起模针应尽量钉在木模重心上

2）钉好起模针后，用小锤向四面横向轻敲起模针下部，使模样与型腔间产生均匀间隙，以便起模。但应注意，不能使模样松动得太厉害，否则会增大误差，有时甚至会损坏砂型，如图 1－23 所示。

3）起模时，用手慢慢将起模针垂直向上提起，同时用木锤轻轻敲打模样，待模样即将全部取出时，要快速提起且不能偏斜或摆动。

对于一些较高的模样，为防止砂型被模样带起而损坏，可在模样周围放上压板，然后起模，如图 1－24 所示。

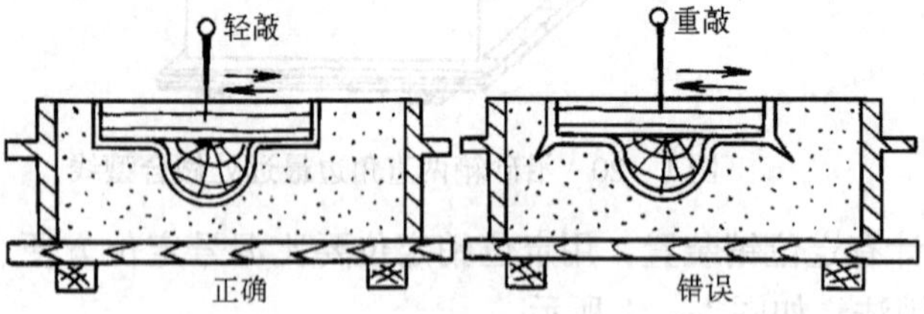

图 1－23　起模前要松动模样

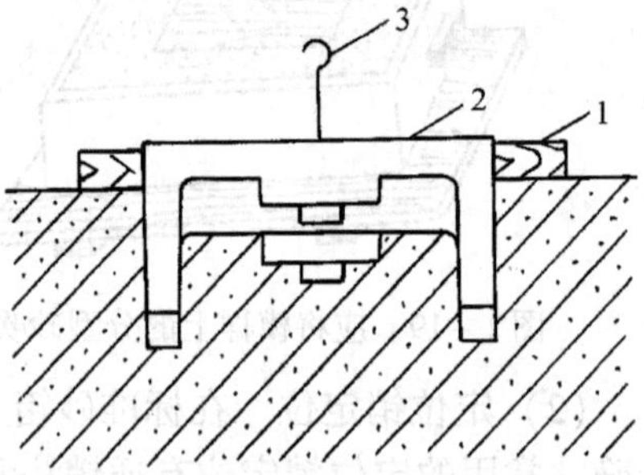

图 1－24　防止起模时砂型损坏的方法

1—压板　2—模样　3—起模针

9. 修型

起模后，型腔如有损坏应使用修型工具进行修补，用面砂修整过的部分应牢固、形状尺寸准确。修型方法如下：

（1）砂型局部损坏或松软的修补　先用修型工具将修补部分划松，再加上面砂用手或修型工具按实，使补上的型砂和原型壁连为一体。若损坏处位于两壁交界处，可用墁刀或砂钩粘上面砂，沿面砂受压方向补到缺口上，图 1－25 为用墁刀修型示例，图 1－26 为用提钩和

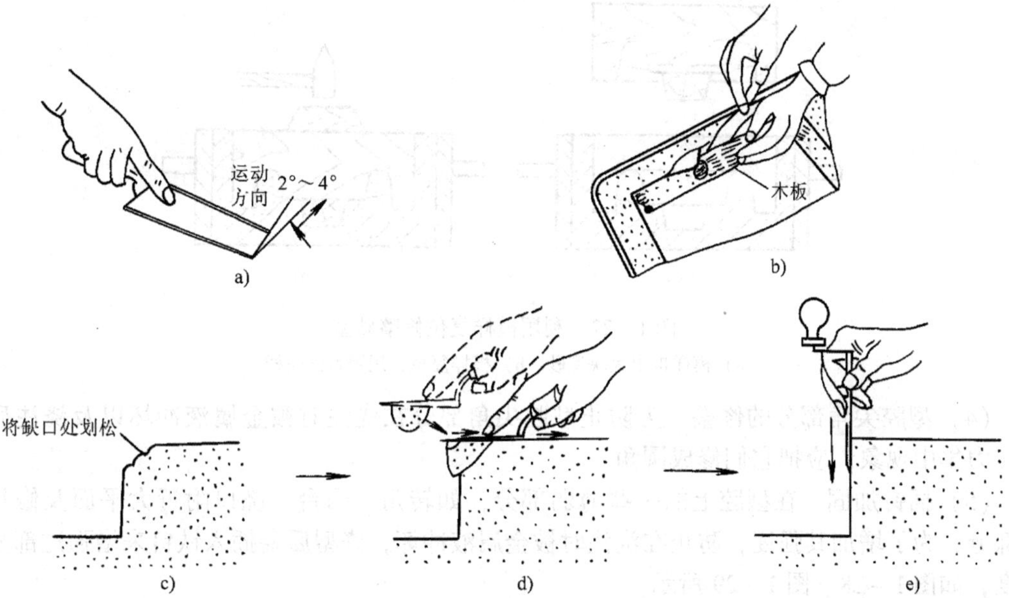

图 1－25　用墁刀修型示例

a）用墁刀修光分型面，手握墁刀，食指轻压墁刀；沿运动方向刀子应略翘起，以免墁刀将砂刮起
b）砂型损坏较大的部位可用木板辅助修型　c）徒手修补砂型缺口，将缺口处用墁刀划松
d）用墁刀粘上砂子，沿受压方向抹到缺口上，将砂补上　e）墁刀向下运动，抹平铅垂壁上的砂

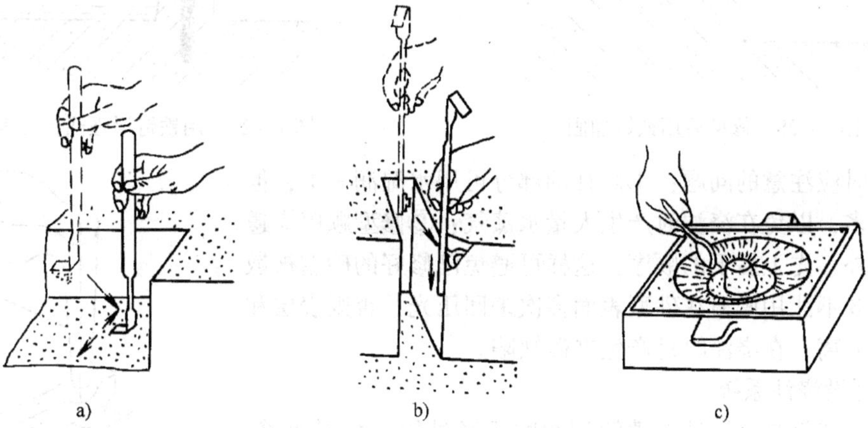

图 1－26　用提钩和秋叶修型示例

a）用提钩底面粘砂，填补型腔底面，然后抹平　b）用提钩修补较窄的铅垂面　c）用秋叶修光圆角

秋叶修型示例。

（2）损坏面积较大且深度较浅部分的修补　先将损坏部分的砂挖去一些，然后加面砂舂实用刮板、墁刀修补好，再插钉加固。不要单纯把型砂铺补在损坏的表面上，以免浇注时造成大片脱落。

（3）起模时带出的大块型砂处的修补　可将已取出的模样再放回到砂型中，然后用木锤轻轻向下敲击模样，使留在模样中的型砂震落，利用模样复位修整砂型，如图 1－27 所示。最后插钉加固。

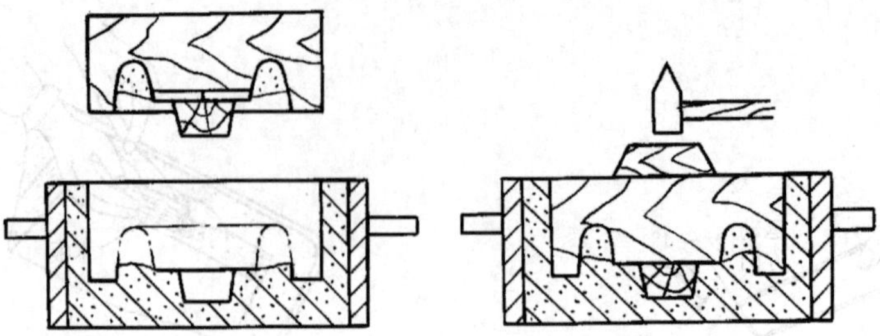

图 1－27　利用模样复位修整砂型

a）模样带出大块型砂　b）模样复位，用锤敲击模样

（4）型腔尖角部分的修整　为防止型腔尖角部分在浇注时被金属液冲坏以及浇注后产生应力集中现象，应把它们修成圆角。

（5）插钉加固　在型腔上的一些薄弱部分，如转角、凸台、浇口附近大平面及修补后的部分，为了增加其强度，防止在浇注时被金属液冲坏，修型后要插入铁钉来增强这部分的强度，如图 1－28、图 1－29 所示。

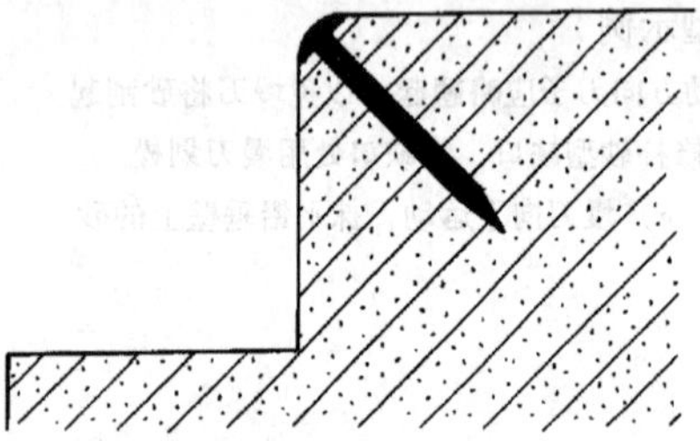

图 1－28　修型后用铁钉加固

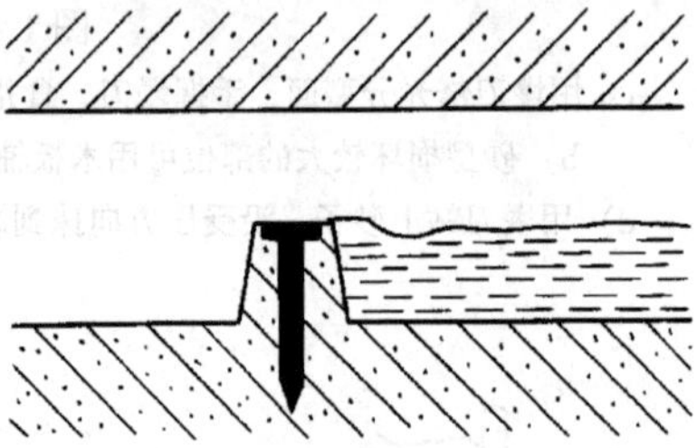

图 1－29　用铁钉增强凸台强度

修型时应注意的问题：①修补的部分可用水湿润一下，但水不可过多，以免在浇注时产生大量水蒸气；②修型顺序应遵循先内后外、先上后下的顺序，这样可避免已修好的砂型被散砂落脏；③不能用墁刀在砂型表面多次来回压光，否则表层和里层容易分离，在浇注时易产生夹砂缺陷。

10. 开设浇注系统

浇注系统就是金属液充填铸型型腔所经过的一系列通道。浇注系统应能平稳地将金属液引入铸型，要有利于挡渣和排气，并能控制铸件的凝固顺序。

浇注系统一般由浇口杯、直浇道、横浇道、内浇道四部分组成，如图 1－30 所示。

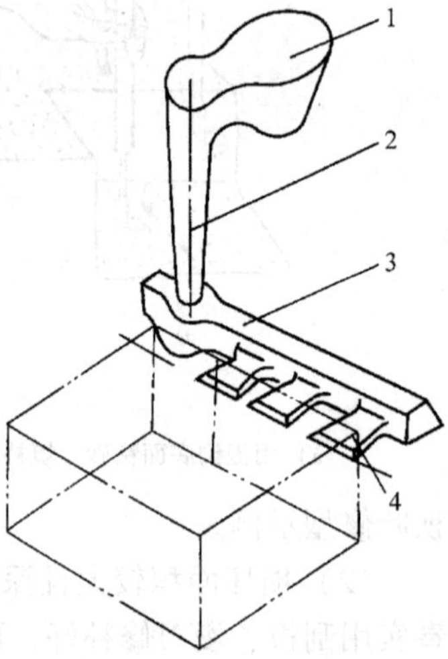

图 1－30　典型的浇注系统

1—浇口杯　2—直浇道

3—横浇道　4—内浇道

（1）浇口杯　浇口杯又称浇口盆，一般单独制作，合型后安放在砂型的直浇道上方。

浇口杯的作用：接纳来自浇包的金属液，防止浇注时飞溅或外溢；当浇口杯中储存一定量的金属液时可防止熔渣和气体卷入型腔起到集渣作用；能减少金属液对铸型的冲击；增加静压头高度，提高金属液的充型能力。

常用的浇口杯分漏斗形和池形两大类。为提高浇口杯的挡渣能力，可在浇口杯上增设各种挡渣措施。如在浇口杯上增加过滤网或挡板。漏斗形浇口容积较小，消耗金属液少，适用于浇注小型铸件，其形状如图 1－31 所示。池形浇口杯容积较大，消耗金属液较多，适用于浇铸大中型铸件，其形状如图 1－32 所示。

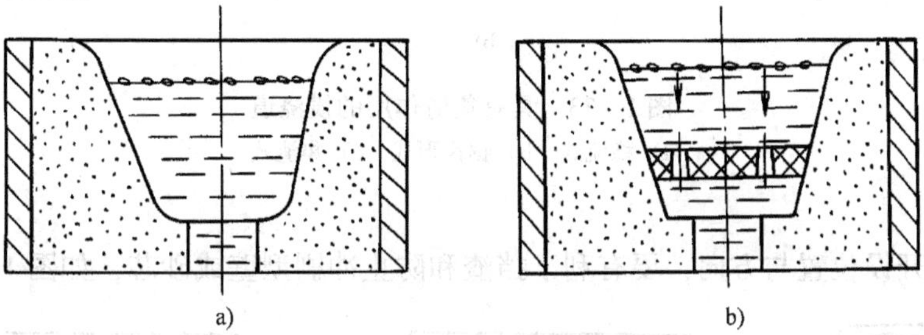

图 1－31　漏斗形浇口杯

a）普通漏斗形浇口杯　b）带滤渣网的漏斗形浇口杯

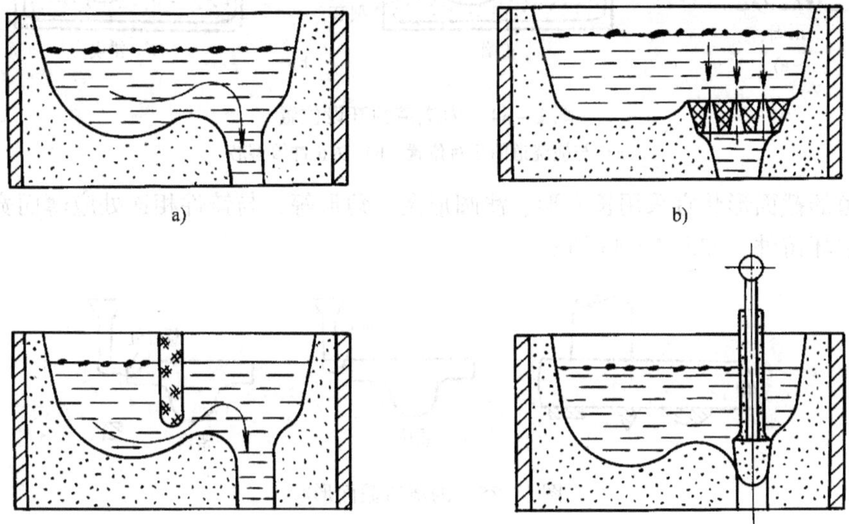

图 1－32　池形浇口杯

a）普通池形浇口杯　b）带滤渣网的池形浇口杯　c）闸门池形浇口杯　d）拔塞池形浇口杯

（2）直浇道　直浇道是浇注系统中的垂直通道。连接浇口杯与横浇道，提供充型静压头。一般使用圆锥型直浇口棒为模样，在造上型时同时造出。

（3）横浇道　横浇道是连接直浇口与内浇道的水平通道。简单的小铸件有时可省去。它是阻挡熔渣进入型腔的最后一道关口，一般设在内浇道上方，截面形状做成高梯形，浇注时要始终充满，以免浮到横浇道顶面的熔渣被吸入内浇道。另外还可采用如图 1－33 所示形式的横浇道，以加强挡渣能力。

（4）内浇道　内浇道是引导金属液直接流入型腔的通道。它与铸件直接相连，作用是控制金属液的充型速度和方向，调节铸件的温度分布，控制铸件凝固顺序，对铸件质量有较大

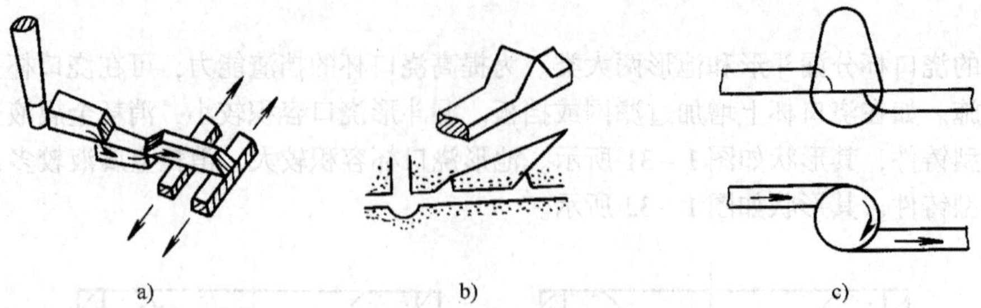

图1－33　具有集渣作用的横浇道

a）稳流式　b）锯齿形式　c）集渣式

影响。

内浇道的开设位置与方向，要有利于挡渣和防止冲刷型壁或砂芯，如图1－34所示。

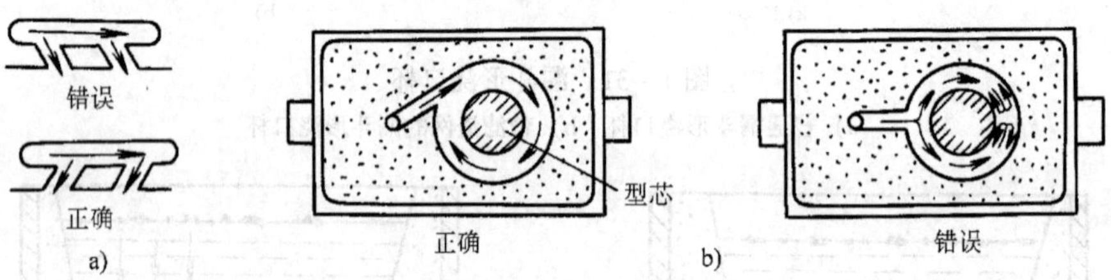

图1－34　内浇道的开设位置

a）与横浇道的相对位置　b）防止冲毁型芯

内浇道的截面形状宜采用长方形、浅圆形及三角形等，与铸件相连处应薄而宽，便于清除，防止损坏铸件，如图1－35所示。

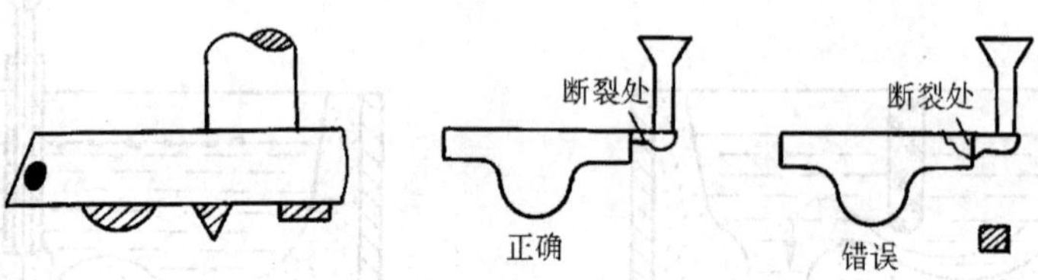

图1－35　内浇道截面形状

11. 合型

合型是造型的最后一道工序，也是关系到铸件质量好坏的关键工序之一。因此，合型前要做好以下几方面的工作：

1）铸型的型腔内及分型面上要清扫干净，如有损坏应修补好；若是干砂型，应将修补处刷涂料并烘干；沿分型面、芯头出气孔周围应垫一圈石棉绳或泥条。

2）下芯。一般是通过芯头座将砂芯安放在下型的芯座上或悬吊于上箱上；某些铸件因结构限制单用芯头不能固定砂芯时，为了稳固砂芯，防止浇注时受金属液冲力和浮力的作用而发生偏移或变形，可采用材质与铸件相近、形状与砂芯表面相适应、高度与铸件壁厚相等的芯撑予以固定，如图1－36所示。

3）砂型装配的检验。除对砂型和砂芯分别进行检验外，当砂芯下入砂型后，还应对砂芯安装的相对位置，铸件壁厚按工艺图要求用样板进行检查，如图1－37所示。

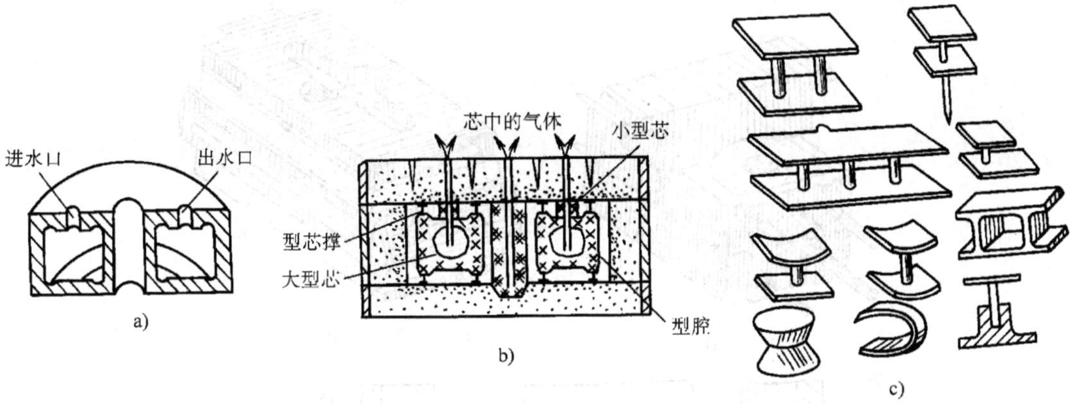

图 1－36　用芯撑支撑砂芯

a）内腔近似封闭的铸件　b）合型时须用芯撑支撑砂芯　c）芯撑的形状

4）合型与验型。将上箱翻型后检查有无损坏、气道是否畅通，浇冒口内壁是否干净，然后按泥号或定位销把上下型合在一起。合型后，为保险起见，可再开启检查一下是否有压坏现象称为验型。

5）放浇口杯、糊箱。正式合型后，在上型浇冒口的位置放上浇口杯、冒口圈；为防止浇注时跑火，要用封箱泥条将分型面的缝隙和浇冒口周围糊好。

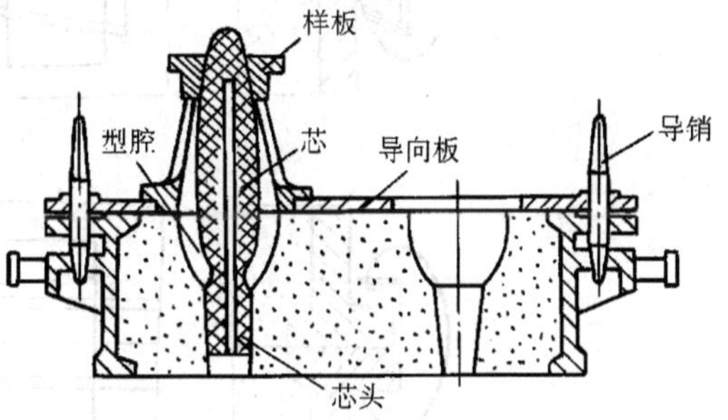

图 1－37　装配后的砂型用样板检验

6）抬箱力及铸型的紧固。浇注时金属液对上型有垂直向上的压力，称为抬箱力。抬箱力的计算在专业课中讲授。

为抵消金属液对上型的抬箱力，防止浇注时跑火和浮箱现象。浇注前必须用压铁或螺杆、卡子等将上、下型紧固。铸型的紧固方法随造型方法、砂型的大小、砂箱的结构形式而不同，图 1－38 所示为各种紧固方法。

在紧固砂型和压铁时为防止挤破砂型或砂芯，紧固前需在分型面四角的砂箱上用铁片将缝隙垫实，使砂箱受力均匀、对称，以防跑火。同时压铁应压在砂箱上，不能直接压在砂型上，以免塌箱。

手工造型方法灵活多样，生产中围绕如何将模样从砂型中顺利取出的问题，形成了多种造型方法。主要有整模造型、分模造型、挖砂造型、活块造型、地坑造型、刮板造型等。

五、整模造型

整模造型是指使用整体模样来造型，整个型腔基本上在一个砂箱内形成。造型过程如图 1－39 所示。这种造型方法操作简便，适用于生产各种批量，结构形状简单的铸件。

六、分模造型

分模造型使用的模样是由两部分组成，一般沿模样截面最大处将其分割为两半，通常称分模面，它与造型时的分型面一致。为便于造型操作，分模之间定位用的销子或方榫必须设在上半模上，而销孔或榫孔应设在下半模上，图 1－40 所示为套管的分模两箱造型过程。这种方法操作简便，适用于生产各种批量的圆柱体、套筒、管子、阀体类等形状较为复杂的铸件。

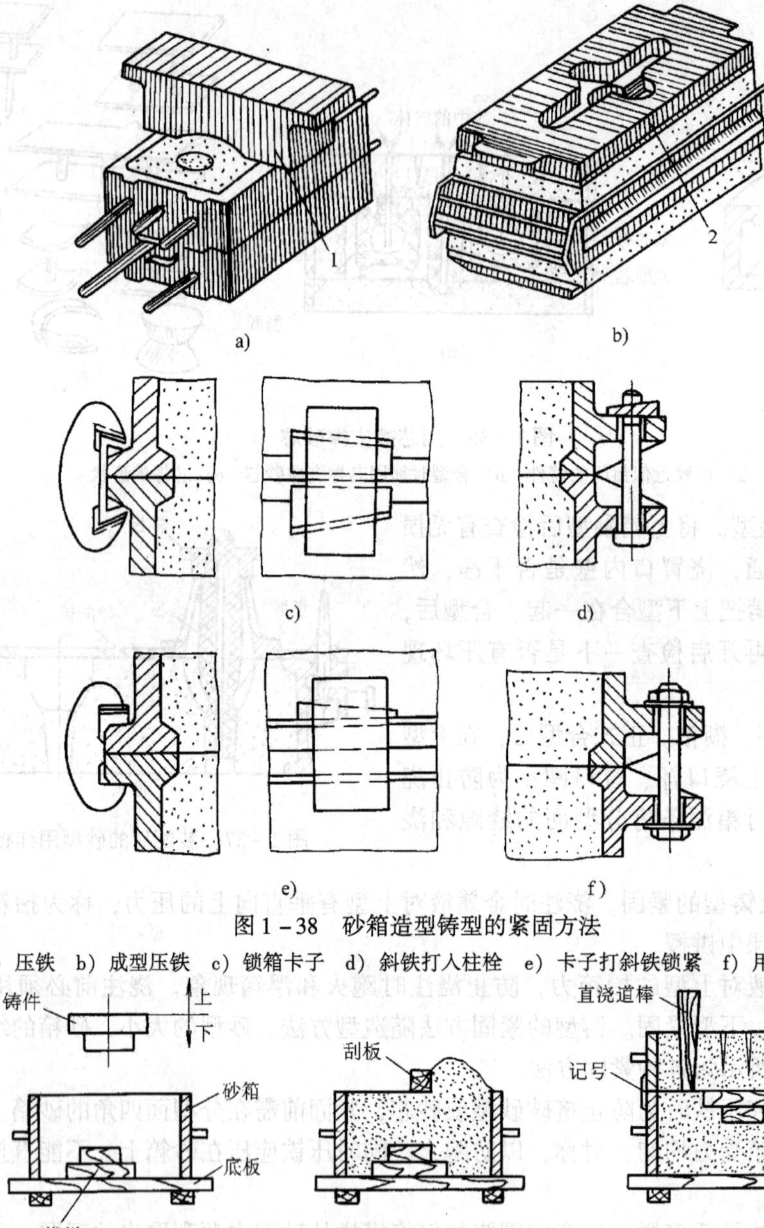

图 1－38　砂箱造型铸型的紧固方法

a）压铁　b）成型压铁　c）锁箱卡子　d）斜铁打入柱栓　e）卡子打斜铁锁紧　f）用螺栓紧固

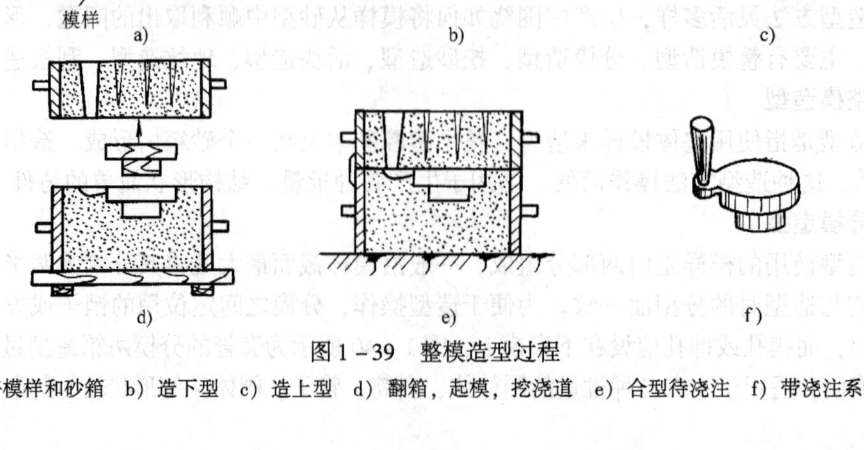

图 1－39　整模造型过程

a）放好模样和砂箱　b）造下型　c）造上型　d）翻箱，起模，挖浇道　e）合型待浇注　f）带浇注系统的铸件

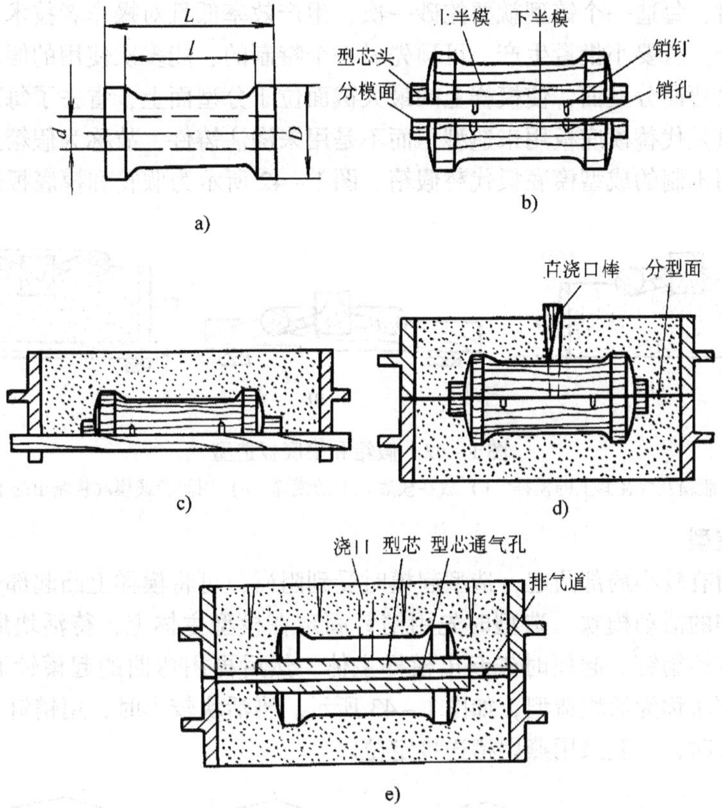

图1－40　分模造型过程

a）铸件　b）模样分成两半　c）用下半模造下砂型　d）用上半模造上砂型　e）起模、放型芯、合型

七、挖砂造型

有些铸件的模样，上下都不是平面，但由于模样的结构（强度、刚度等）要求或制模工艺等原因，木模又不便于分成两半，只好用整体模先造好下型，在分型面上挖去阻碍模型取出的那一部分型砂，并修成光滑向上的斜面，然后再造上型，这种造型方法称为挖砂造型，其过程如图1－41所示。

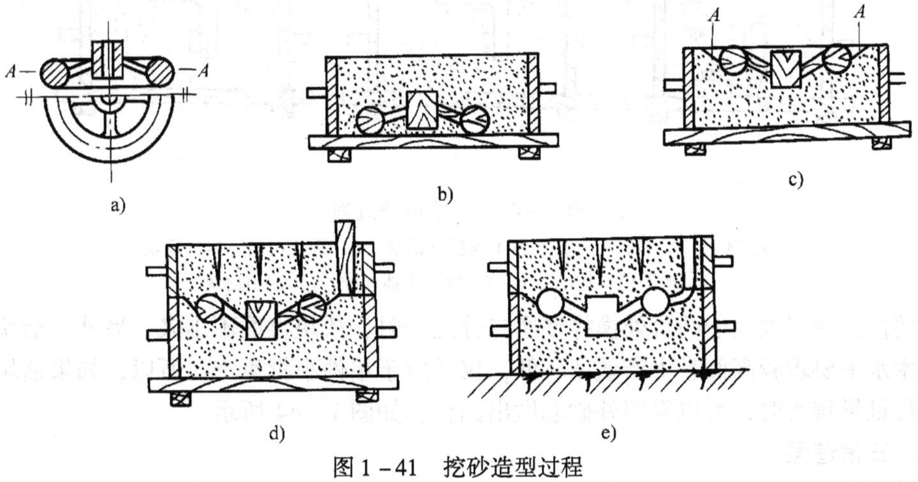

图1－41　挖砂造型过程

a）铸件　b）造下型　c）挖下型分型面（$A-A$）　d）造上型　e）合型待浇注

挖砂造型时，每造一个铸型就要挖砂一次，生产效率低且对操作者技术水平要求高，只适应于单件生产。若要小批量生产，可预先做一个特制的、能多次使用的假箱来代替造型用的模底板，做出弯曲分型面，使模样上的最大截面位于分型面上，省去了每次造型挖砂的工序，由于假箱只是代替模底板用来造型，而不是用来浇注铸件，故称为假箱造型。当生产批量较大时，可用木制的成型模底板代替假箱。图 1－42 所示为假箱和模底板造型。

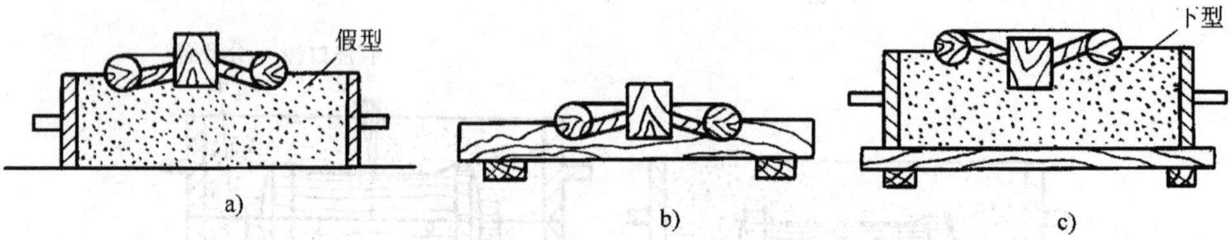

图 1－42　假箱和模底板造型

a）假箱及放在其上的模样　b）放在模底板上的模样　c）用假箱或模底板制出的下型

八、活块造型

当模样侧面有较小局部凸起，造型起模时受到阻碍，可将模样上凸起部分与模样本体分开，做成可拆卸的活动模块，造型时先用销钉固定在模型主体上，待活块周围的型砂紧实后，再小心地拔掉销钉。起模时先起出模样主体，然后再用弯曲的起模针通过型腔取出活块，这种造型方法称为活块造型，如图 1－43 所示。当活块较小时，用销钉与模样本体相连定位；活块较大时，一般采用燕尾槽连接定位。

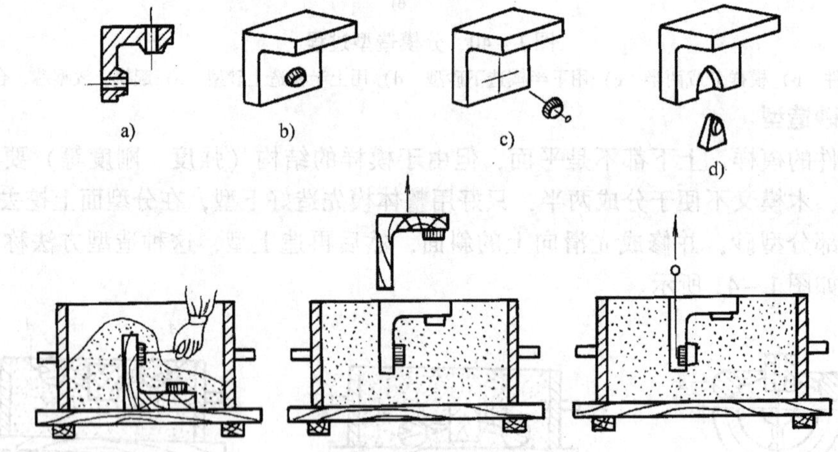

图 1－43　活块造型过程

a）零件　b）铸件　c）用钉子连接的活块　d）用燕尾槽连接的活块

e）造下型，拔出钉子　f）取出主体模样　g）取出活块

当铸件凸台厚度大于凸台处模样壁厚二分之一时，活块将取不出来。另外，活块造型对工人技术水平要求较高而且生产效率较低，仅适应于单件小批生产。所以，如果活块厚度过大或铸件批量较大时，可以采用外砂芯做出凸台，如图 1－44 所示。

九、三箱造型

当铸件模样两端外轮廓尺寸大于中间部分的尺寸时，如采用一个分型面，模型就无法取

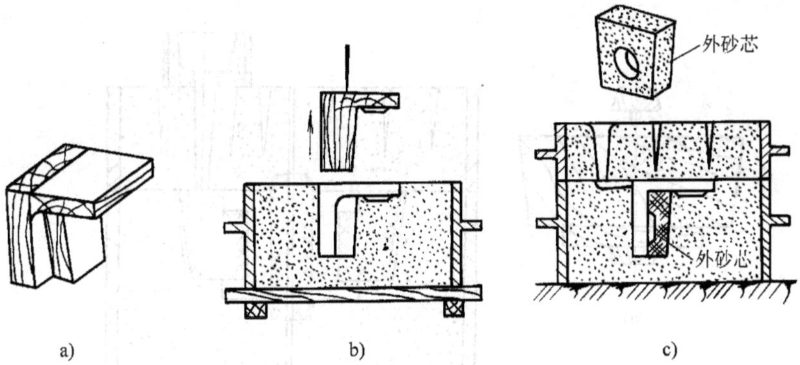

图 1－44　用外砂芯做出活块

a）模样　b）取模，下芯　c）合箱

出，造型时需用三个砂箱采用两个分型面造型，称为三箱造型，如图 1－45 所示。

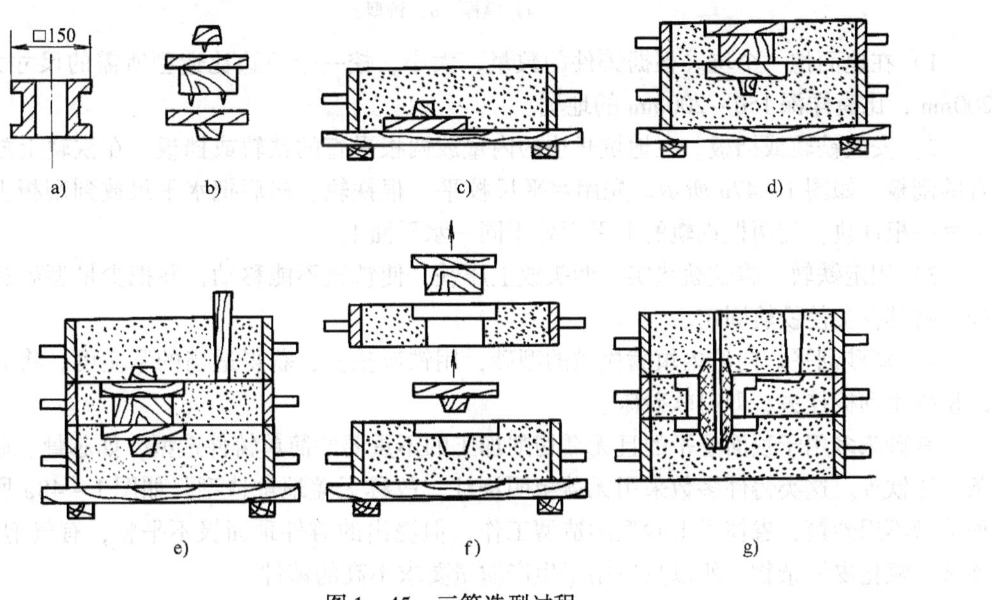

图 1－45　三箱造型过程

a）铸件　b）模样　c）造下型　d）造中型　e）造上型　f）取走上型，分别从中型、下型中取出模样　g）下芯，合型

三箱造型由于分型面多，操作复杂，劳动强度大，生产效率低，铸件尺寸精度不高，故只适用于单件小批手工生产。当铸件生产批量较大或采用机器造型时，则应改用两箱砂芯造型，由砂芯来代替中箱，如图 1－46 所示。

十、地坑造型

在铸造生产中，除了在砂箱内造型以外，还有在地平面以下的砂坑内造型，称为地坑造型。它适用于铸件的生产数量较少尤其是单件生产大型铸件时，没有合适的备用砂箱，采用地坑造型能节省铸造大型砂箱的工时和费用，从而缩短铸件的生产周期。此外，大型铸件的铸型造在地坑内，可以降低铸型顶面距离地面的高度，使浇注时既安全又方便。

地坑造型首先都要制备好一个适宜于造型的砂床，常用的砂床有软砂床和硬砂床两种。

1. 软砂床的制备步骤

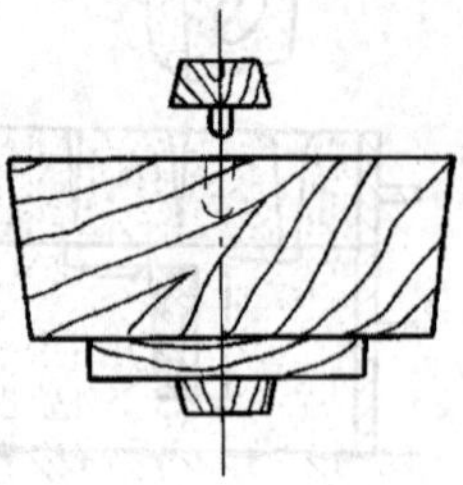

a)

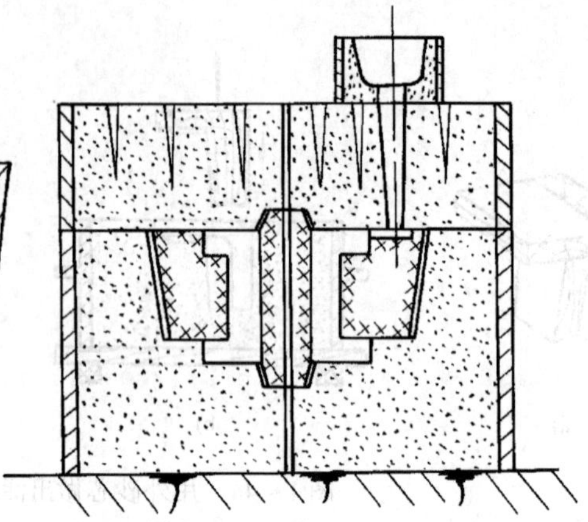

b)

图 1-46　砂芯造型
a) 模样　b) 铸型

1）在地面挖一个坑。根据铸件的数量、大小，挖一个每边比造型所需的尺寸大 150 ~ 200mm，比模样深 150 ~ 200mm 的地坑。

2）安放铁轨或挡板。在地坑长边的内壁放两根平直的铁轨或挡板，在铁轨上放一根平直的刮板，如图 1-47a 所示。先用水平尺校平一根铁轨，然后把水平尺放到刮板上，再校平另一根铁轨，使两根铁轨的上平面处于同一水平面上。

3）固定铁轨。将铁轨垫实，两头放上压铁，使铁轨不能移动，并把少量型砂放在铁轨处，将其舂实使铁轨固定。

4）填砂刮平。向坑内填满松散的型砂，用铁锹拍实，获得适当的紧实度。将高出铁轨的型砂用刮板挂去，即得软砂床。

软砂床多用于顶面是平的且无需切削加工的不重要的简单铸件造型，如芯骨、砂箱、炉条、压铁等。这类铸件多数采用无盖箱明浇注，故称无盖地坑造型。如图 1-48a 所示。此种造型不用砂箱，省掉了上砂型的造型工作，但浇出的铸件顶面极不平整，有气泡、熔渣、夹杂、氧化皮等杂物，所以只适用于生产质量要求不高的铸件。

2. 硬砂床的制备步骤

1）在地上挖一个坑。坑的外沿比模样大 400 ~ 800mm，使模样周围的型砂便于舂实。坑的深度比模样深 300 ~ 500mm。

2）为了便于砂型底部的气体能顺利排出，在坑底铺上一层厚约 100mm 的焦碳或炉渣，从底部引出一根或几根钢管至地面，作为排气管。焦碳层上盖一层薄草袋，以防型砂将焦碳空隙堵塞。

3）填入背砂舂实后，再填入面砂，若模样底部是平的，则舂实层也做成平的。否则应做成与模样底部相应的近似形状。舂实砂层厚度约为 200mm。

4）在舂实层上扎通气孔，通气孔扎到焦碳层。用细筛筛一层厚度为 15 ~ 20mm 的细面砂，用面砂将通气孔盖住，防止浇注时金属液钻入，同时也便于造型。如图 1-47b 所示。

铸造特大的重型铸件时，要求地坑有更大的承载能力，因此砂床内不仅型壁砂层的硬度要高，而且对砂床整体特别是砂床底部要进行加固，以防地坑铸型在浇注时下沉甚至破裂，造成金属液底漏的严重事故，另外，还要加强铸型排气和防止地下水渗入。加固硬砂床的结构如图 1－47c 所示。

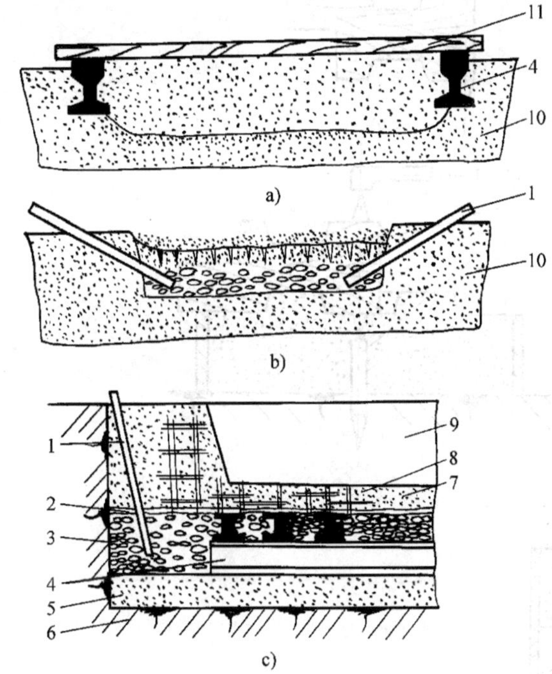

图 1－47　软、硬砂床结构示意图

a）固定式制芯骨的软砂床　b）硬砂床　c）加固硬砂床

1—排气管　2—草袋　3—炉渣　4—钢轨　5—填充砂

6—地坑　7—铁棍　8—面砂　9—型腔　10—砂坑　11—刮板

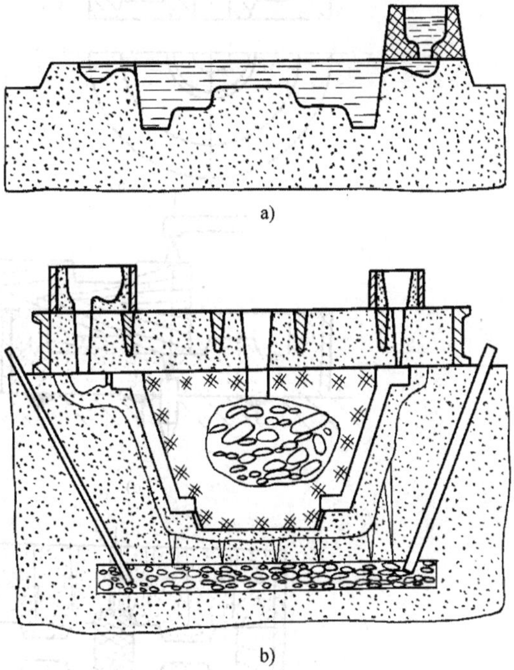

图 1－48　无盖箱和有盖箱地坑造型示意图

a）无盖箱地坑造型　b）有盖箱地坑造型

在硬砂床上造型如图 1－48b 所示。将模样放入砂床底部砂层上，复印模样底部型迹，校正模样水平后固定、压牢、填实模样四周型砂；舂制出下砂型，刮出分型面，舂制上砂型，因有上砂型作盖箱，故称有盖地坑造型。有盖地坑造型常采用地桩定位，也可采用泥号定位。造型过程中应将排气管露出地面一端堵住，以免型砂落入而影响浇注时排气。

有盖地坑造型过程复杂，耗费工时较多，烘干也不方便。所以有盖地坑造型主要适应于无合适砂箱，且单件小批的铸件，或用于铸造新产品试制、工艺装备件及大型、重型铸件。

十一、刮板造型

对于某些尺寸较大的旋转体铸件等，为了节省制模材料和制模工时，缩短生产周期，可用一块与铸件截面或轮廓形状相适应的刮板来代替模样，刮制出规则的砂型型腔，这种用刮板刮制砂型的方法称为刮板造型。根据刮板在造型时的运动形式不同，可分为旋转刮板造型和导向移动刮板造型两种。其中旋转刮板造型应用较多。

图 1－49 所示为带轮刮板造型过程示意图。造型过程如下：

1. 安装调整刮板架

如图 1－50 所示，刮板转轴的上支点常用马架固定，下支点由埋在砂中的木桩固定。

1）铲平地面放好砂箱，并用水平仪找正，在砂箱中间位置放好木桩，填砂紧实，使木桩定位。

2）将刮板架放在砂箱旁边适当位置，在轴座上放压铁，使刮板架稳固和工作时不晃动。

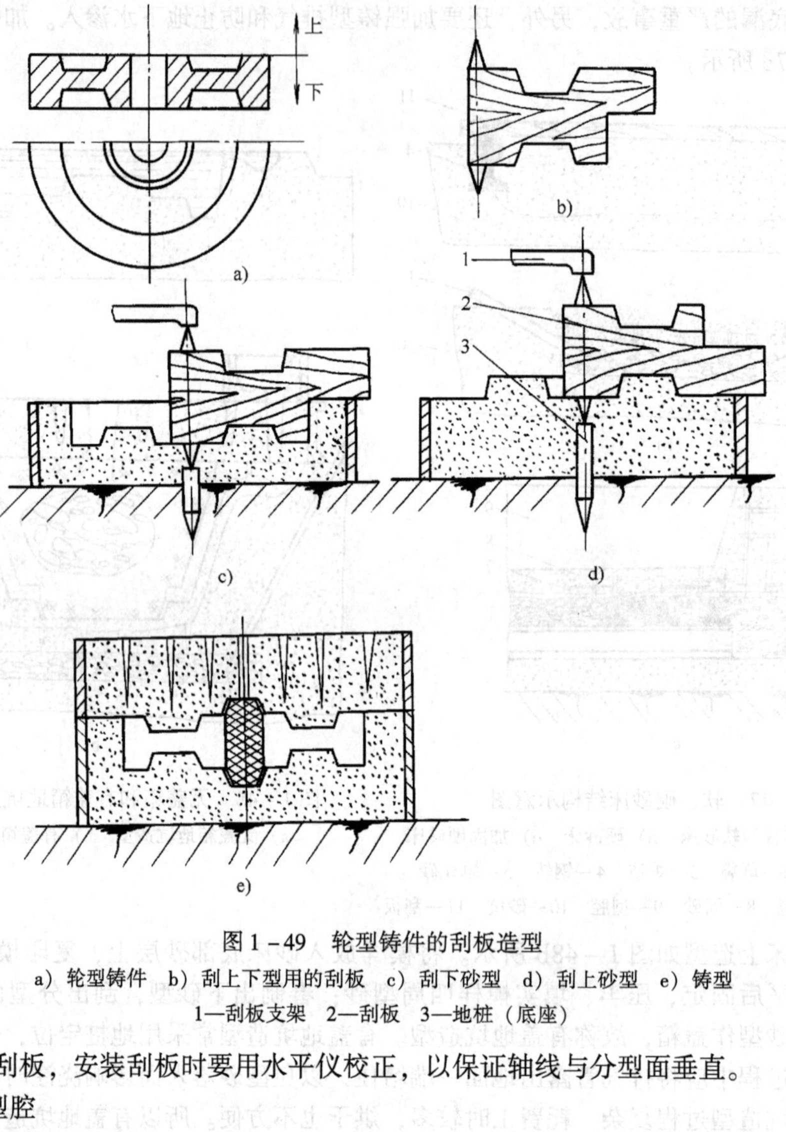

图 1－49 轮型铸件的刮板造型

a）轮型铸件 b）刮上下型用的刮板 c）刮下砂型 d）刮上砂型 e）铸型

1—刮板支架 2—刮板 3—地桩（底座）

3）放入刮板，安装刮板时要用水平仪校正，以保证轴线与分型面垂直。

2. 刮制型腔

1）铸型中需车刮的部位不用填砂，按型腔形状进行填砂舂实，然后用刮板刮制。

2）用刮板刮砂时，要连续地反复抖动，高出部分可用墁刀刮去，切不可硬拉硬推。否则，中心移动，刮板易损坏，刮出的型腔也不准确。

3）砂型刮好后，扎通气孔，然后筛一层细面砂再刮一遍，使砂型表面尽量光洁、棱角清晰。认真修型并在适当的位置上挖出浇注系统。

用同样的方法分别刮出上型和下型，做出合型记号。

3. 出气冒口合型法

出气冒口合型法是用造型工具在上型上挖出四个出气冒口，合型时从出气冒口向里观看，如果从四个冒口都看不到下型的分型面，即表示上、下型合准了，如图 1－51 所示。

4. 十字线合型法

在刮板的工作面上钉一无头铁钉，铁钉以刮板轴为圆心在分型面上划出一圆线，过圆心作圆线的两条相互垂直的直线，并将这两条相互垂直的直线延长引出到箱壁上定位。两条相

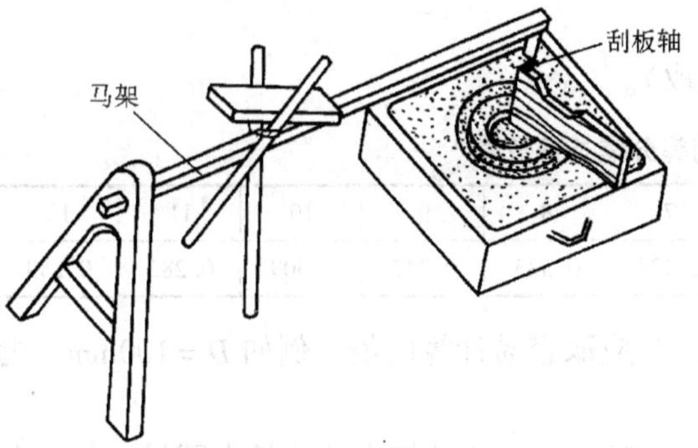

图 1－50　刮板的固定

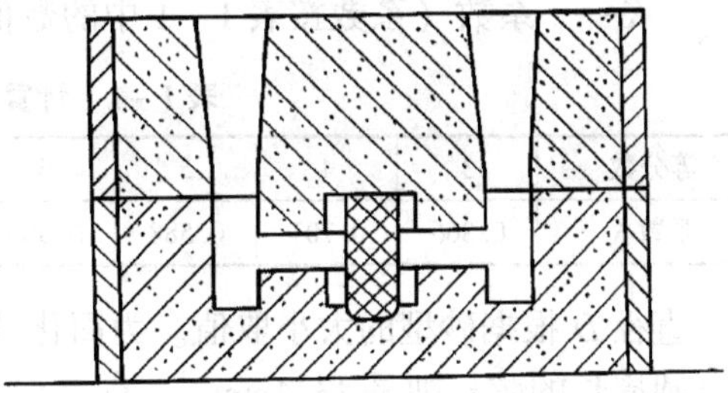

图 1－51　出气口（冒口）合型法示意图

互垂直的直线划法如下：

1）在分型面上以刮板轴为圆心划一圆线，用两个直尺靠在圆线上，如图 1－52a 所示。

2）测出两个直尺（平行时）的距离，找出两个直尺距离的两个中点。

3）连接两个中点得一直线，直线与圆线有两个交点。

4）分别以这两个交点为圆心，任意长为半径划弧，两条弧线交 A、B，如图 1－52b 所示。

5）连接点 A、B 则得到另一条合型线。

用同样的方法作出其它各箱的十字线，合型时按十字线合型。图 1－53 所示为十字线合型法的示意图。

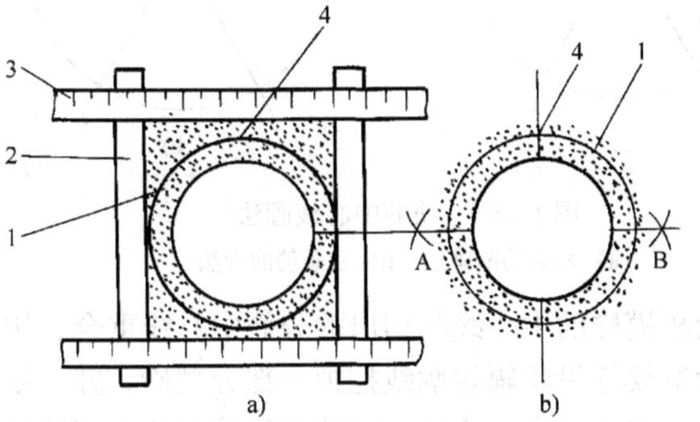

图 1－52　十字线的划法

a）用直尺找中点　b）求另一条合型线

1—圆线　2—直尺　3—有刻度的直尺　4—合型线与圆线交点

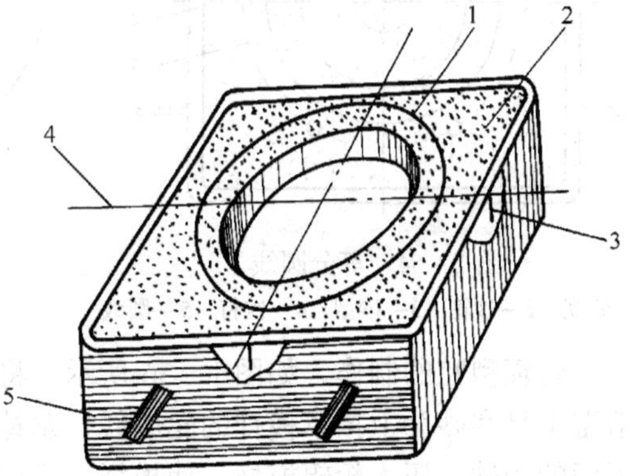

图 1－53　十字线合型法

1—圆线　2—砂型　3—合型线　4—十字线　5—砂箱

5. 轮辐型腔的制作

用刮板造型制作带有轮辐的齿轮、带轮、链轮时，确定轮辐型腔的位置有分筋和吹筋两种方法。

（1）分筋法　分筋法是等分分型面上的圆线（利用图 1－54 所示分型面上的圆线），其圆周等分弦长计算公式为：

$$L = KD$$

式中　L——弦长（mm）；

D——直径（mm）；

K——系数（系数按表 1－1 中的数值选取）。

表 1－1　计算圆周等分弦长系数表

等分数	3	4	5	6	7	8	9	10	11	12
系数 K	0.866	0.707	0.588	0.500	0.434	0.383	0.342	0.309	0.282	0.259

直径 D 根据砂型的大小取值。为简化计算，D 应取容易计算的值。例如 $D=100$mm，七等分圆周长的弦长则是 43.4mm。

在砂型上等分圆线如图 1－54 所示。分筋操作时用分规按计算出的弦长在圆线上依次截取，获得各分点。在各等分点插入铁钉，防止操作过程中抹掉。划筋的中心线，图 1－55a 为六条筋的划法，当轮辐为偶数时，连接圆周上的两个对称点即为筋的中心线。图 1－55b 为三条筋的画法，当轮辐为奇数时等分数应是其轮辐数的两倍。连接圆周上的两个对称点，就可划出轮辐中心线，每间隔一个等分点划一条轮辐中心线，就可得到所需要的轮辐中心线。上、下砂箱都从相应的点开始等分圆。

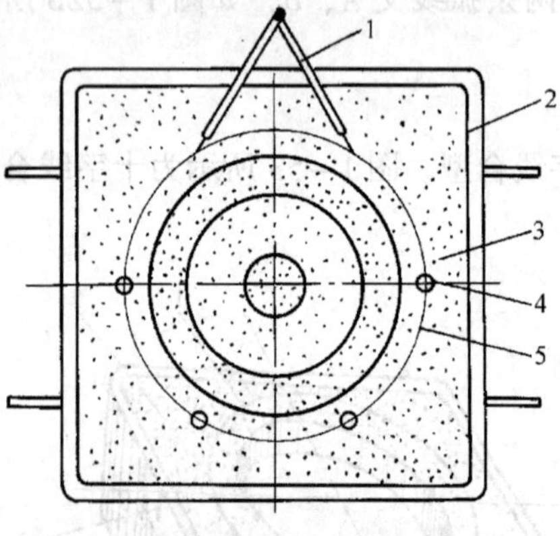

图 1－54　等分圆线

1—分规　2—砂箱　3—砂型　4—铁钉　5—圆线

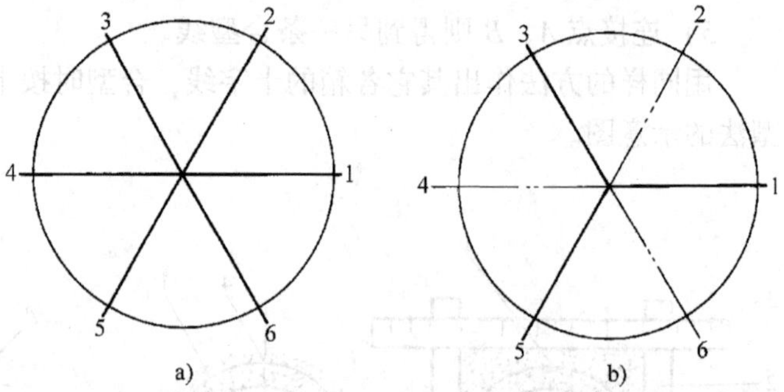

图 1－55　筋的中心线画法

a）六条筋的画法　b）三条筋的画法

轮辐型腔的制作。如图 1－56 所示。将轮辐模样的中心线与划出的分筋中心线重合，用造型工具在砂胎上描下模样的轮廓线。拿掉轮廓模样沿轮辐轮廓线挖掉一部分型砂，并划松下面的型砂，压入轮辐模样，使模样上平面与砂胎面平齐。修型，将轮辐型腔与轮缘型腔的交接处及轮辐型腔与轮毂型腔的交接处均修成圆角，这样轮辐型腔即做好。

（2）吹筋法　在上型用分筋法做出轮辐的上半型，并挖好浇冒口；下型喷少量水；对正合型号合型；从中间冒口向型内撒一些滑石粉；用压缩空气或皮老虎从中间冒口向型内吹气。滑石粉随气体流动，在下砂箱的砂胎上留下筋条位置的痕迹，如图 1－57a 所示。毁掉原泥号，重新打合型号；开型，按滑石粉的痕迹挖掉下箱砂胎上的一部分型砂，并划松下面的型砂，压入轮辐模样，使模样上平面与砂胎平齐，如图 1－57b 所示。修型与分筋法相同。

刮板造型操作比较复杂，对工人的操作水平要求较高，铸件的尺寸精度低，所以，刮板造型只适应于单件小批量手工生产尺寸较大的旋转体铸件。

十二、手工造芯

型芯也是铸型的重要组成部分，它的主要作用是与铸型配合形成铸件内腔。对形状复杂

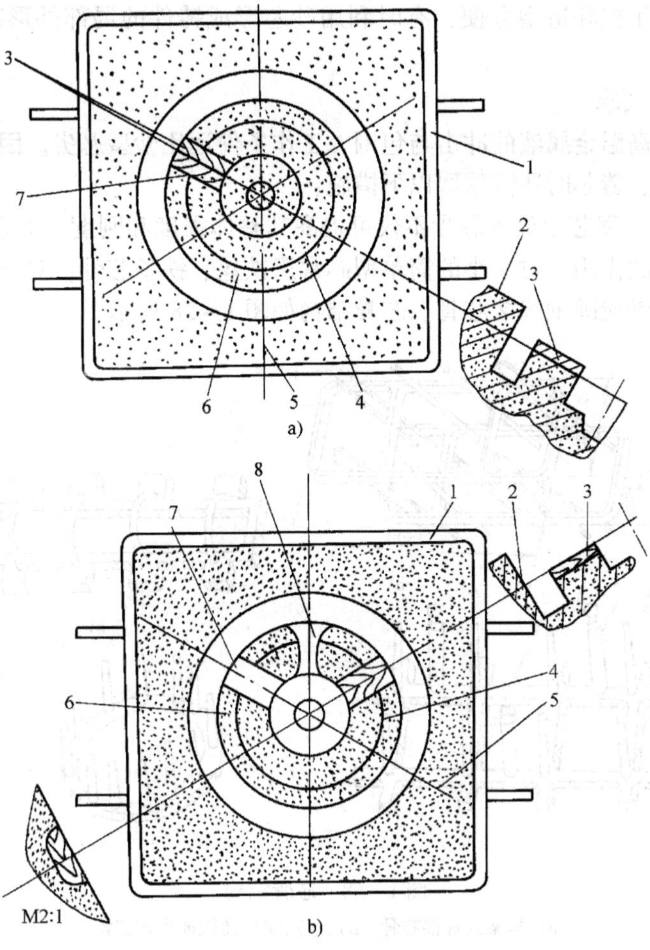

图 1－56　轮辐型腔制作示意图

a）划线　b）挖制轮辐

1—砂箱　2—砂型　3—轮辐模样　4—分筋用圆线　5—分筋线　6—砂胎　7—未修圆角的轮辐型腔　8—修圆角后的轮辐型腔

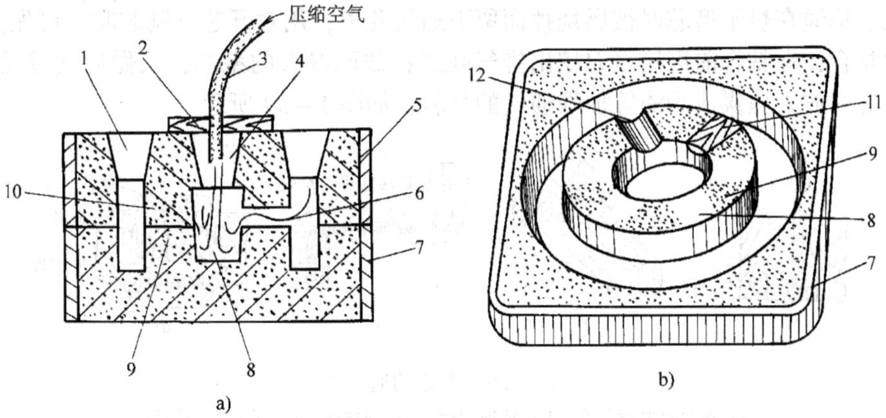

图 1－57　吹筋法

a）吹粉　b）制作轮辐

1—边冒口　2—木盖　3—压缩空气管　4—中冒口　5—上砂箱　6—上型轮辐型腔　7—下砂箱　8—滑石粉　9—下砂箱砂胎　10—上箱吊砂　11—轮辐模样　12—已挖好轮辐型腔

的铸件，为了简化工艺和造型方便，有时利用砂芯形成铸件的局部外形甚至全部外形（组芯造型）。

1. 对造芯技术要求

由于型芯受到高温金属液的冲击与包围，工作条件远比砂型恶劣。因此，除对芯砂性能提出更高的要求外，造芯时还需采取以下措施：

（1）放置芯骨　型芯中放入芯骨不仅可提高其整体强度和刚度，而且便于吊运及下芯，有时还有固定型芯的作用。对于小的简单型芯常用铁丝、铁条芯骨，对于大中型芯常用备有吊环的铸铁插齿芯骨或圆钢焊接芯骨。芯骨结构如图 1－58 所示。

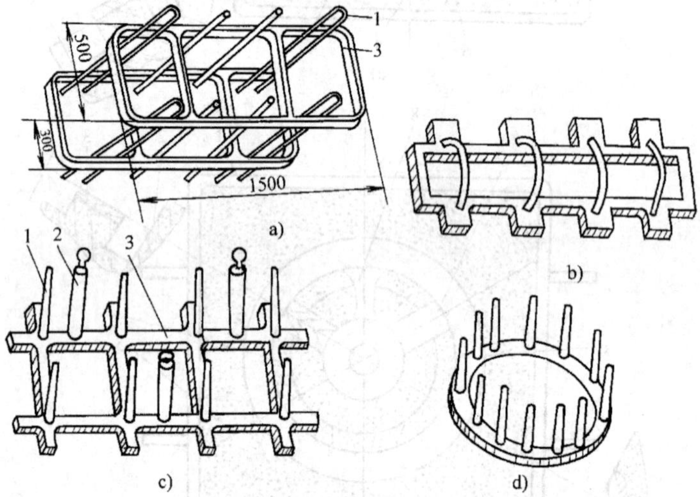

图 1－58　芯骨结构

a）框架式焊接芯骨　b）、c）、d）铸铁插齿式芯骨

1—芯骨齿　2—吊环　3—框架（骨架）

（2）型芯通气　为使型芯中的气体能顺利排出，型芯中必须做有通气孔道。形状简单的型芯一般在造芯时用通气针扎通气孔；形状复杂或弯曲的型芯可在造芯时埋入蜡线或草绳，蜡线、草绳在烘干型芯时被燃烧掉而留下通气孔道；用对开芯盒制芯时，可先分成两半舂砂后再粘合，在粘合前可用墁刀挖出排气孔道；截面厚大的型芯，只做通气道是不够的，还需在型芯内放入焦炭或炉渣等加强通气的材料，如图 1－59 所示。

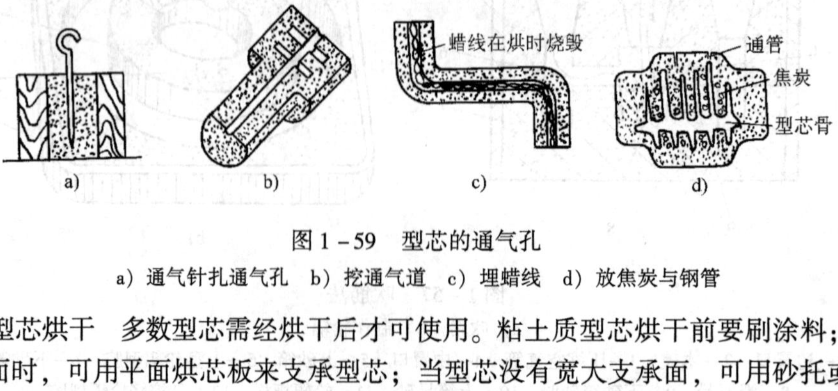

图 1－59　型芯的通气孔

a）通气针扎通气孔　b）挖通气道　c）埋蜡线　d）放焦炭与钢管

（3）型芯烘干　多数型芯需经烘干后才可使用。粘土质型芯烘干前要刷涂料；当型芯有一宽大平面时，可用平面烘芯板来支承型芯；当型芯没有宽大支承面，可用砂托或金属成型

烘干板来支承，然后烘干；烘干后的型芯要经修整、检验方可使用。图 1 – 60 所示为支承型芯的方法。

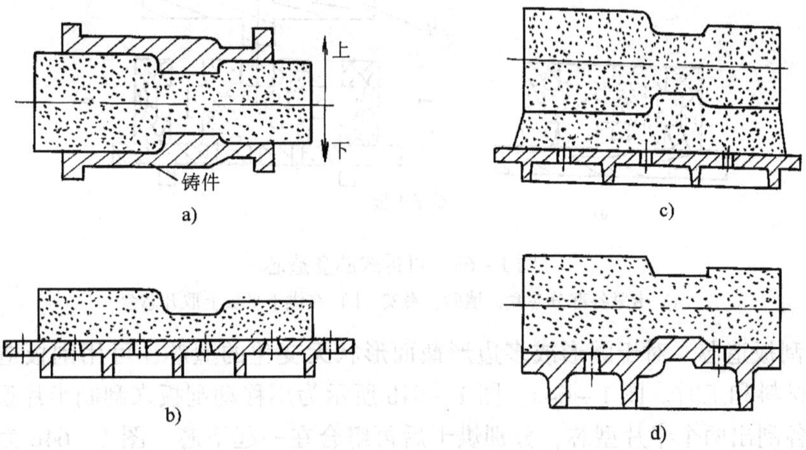

图 1 – 60　支承型芯的方法

a）型芯　b）平板支承　c）砂托支承　d）成型板支承

2. 造芯方法

（1）用整体式芯盒造芯　对于结构形状简单，且有一个较大平面，自身带有斜度的型芯可用图 1 – 61 所示的整体芯盒造芯。造芯时，先在芯盒内填入芯砂和安放芯骨，舂实后刮去余砂。将烘芯板盖在芯盒上方，将芯盒与烘干板一起翻转 180°，然后从上方取走芯盒。

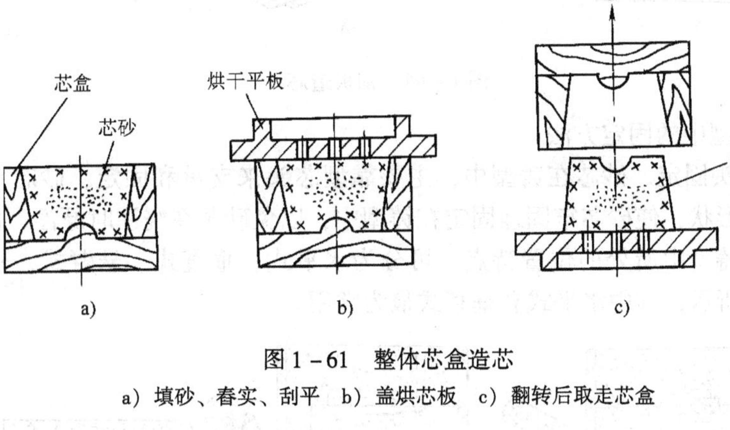

图 1 – 61　整体芯盒造芯

a）填砂、舂实、刮平　b）盖烘芯板　c）翻转后取走芯盒

（2）用分开式芯盒造芯　圆柱形或结构对称的型芯，可用图 1 – 62 所示的对分式芯盒造芯。造芯时，用卡子锁紧两半芯盒，然后填砂、舂实和刮平。盖上烘干平板连同芯盒一起翻转 180°，从两侧取开芯盒。也可将两半砂芯分开制造，然后粘合在一起。

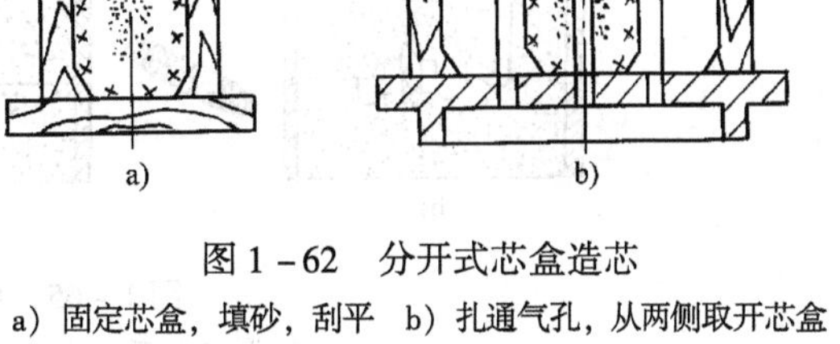

图 1 – 62　分开式芯盒造芯

a）固定芯盒，填砂，刮平　b）扎通气孔，从两侧取开芯盒

（3）用可拆式芯盒造芯　对于形状复杂的大、中型芯通常采用图 1 – 63 所示的可拆式芯

盒造芯。

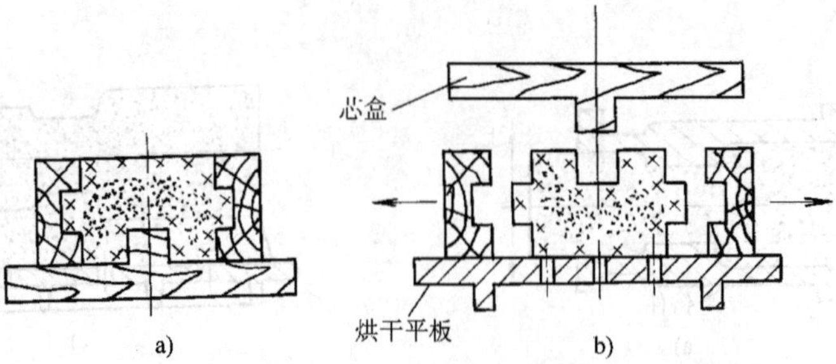

图 1－63　可拆式芯盒造芯

a）卡紧各部分芯盒，填砂，舂实　b）在烘干平板上取开芯盒

（4）用刮板造芯　对于圆形或多边形截面形状无变化的型芯，可用刮板造芯，以节省制造芯盒的材料和工时。图 1－64a、图 1－64b 所示为用移动刮板来刮制半片型芯，刮板沿导向板移动各刮出两个半片型芯，分别烘干后再组合在一起下芯。图 1－64c 为铸铁管件的型芯用水平刮板制造的示意图。用钢管做芯骨，先绕一层草绳，以改善退让性，在草绳表面再敷上芯砂等材料即可刮出砂芯。

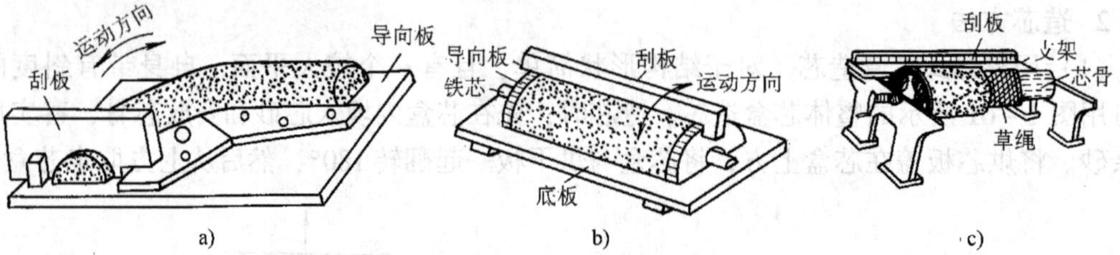

图 1－64　刮板造芯

3. 砂芯在铸型中的固定方法

（1）用砂芯头固定　砂芯在铸型中，主要靠型芯头来支承和固定，砂芯头必须有足够的尺寸和合适的形状，使砂芯牢固地固定在铸型中，以免砂芯在浇注时漂浮、偏斜或移动。

按砂芯头在铸型中所处的位置特点，可分为水平式、垂直式、悬臂式、坐式和悬挂式等，如图 1－65 所示，其中水平式和垂直式最为常用。

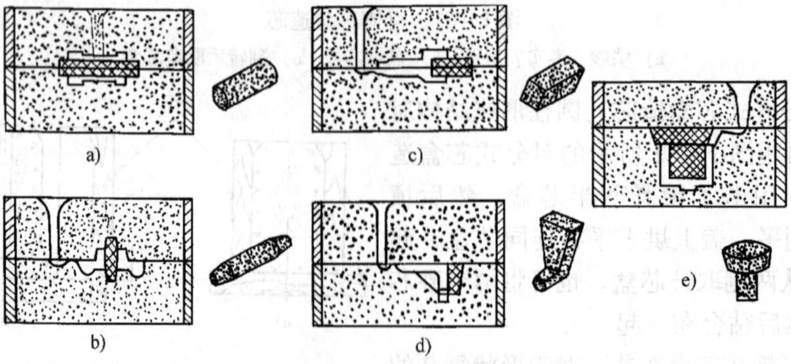

图 1－65　砂芯的固定方式

a）水平式　b）垂直式　c）悬臂式　d）坐式　e）悬挂式

（2）用芯撑固定　有的砂芯单用砂芯头不能固定时，为了稳固砂芯，防止在浇注时受金属液冲力和浮力作用而发生偏移和变形，可采用形状与砂芯表面相适应、高度与铸件壁厚相等的芯撑予以固定。砂芯撑的形式如图 1－36 所示。

芯撑表面应干净，不能有锈斑油腻等脏物，以免芯撑与铸件熔焊不良或产生气孔缺陷。浇注时芯撑与铸件往往不能完全熔焊，铸件上用芯撑处会产生渗漏，故对于密闭的承压铸件在生产中不允许使用芯撑。

操 作 实 训

1. 按车间生产中型（芯）砂配方配制粘土质型（芯）砂。
2. 独立完成简单件的整模造型。要求能正确使用造型工具，合理选择分型面，开设浇注系统和具有一定的修型能力。
3. 独立完成中等复杂件（带 1～2 个砂芯）的分模造型。
4. 独立完成挖砂、三箱、刮板造型（对铸造专业学生要求）。

第三节　铸造合金的熔炼与浇注

一、铸铁的熔炼

在铸件生产中，铸铁占铸件总重量的 70%～75% 以上。按碳在铸铁中的状态不同，铸铁可分为：灰铸铁、球墨铸铁、可锻铸铁。其中灰铸铁应用最广。

灰铸铁的流动性好，能充填复杂而薄壁的铸型；一般灰铸铁的化学成分范围为：$w_C = 2.5\% \sim 3.6\%$、$w_{Si} = 1.1\% \sim 2.5\%$、$w_{Mn} = 0.6\% \sim 1.2\%$、$w_P < 0.15\%$、$w_S < 0.15\%$。铸铁的熔点比铸钢低因而对熔化设备和造型材料的要求都相对简单。

铸铁的熔炼应满足的要求：铁液温度高；铁液的化学成分控制在所要求的范围内；生产率高、成本低。

铸铁熔炼的设备有冲天炉或工频、中频感应电炉，目前铸铁车间的主要熔炼设备是冲天炉，虽其铁液温度、化学成分不如电炉好控制，但因其炉子结构简单、操作方便、能源消耗少、熔化率高、成本低且能连续生产。所以，在我国 90% 以上的铸铁件生产所用铁液是用冲天炉熔化的。

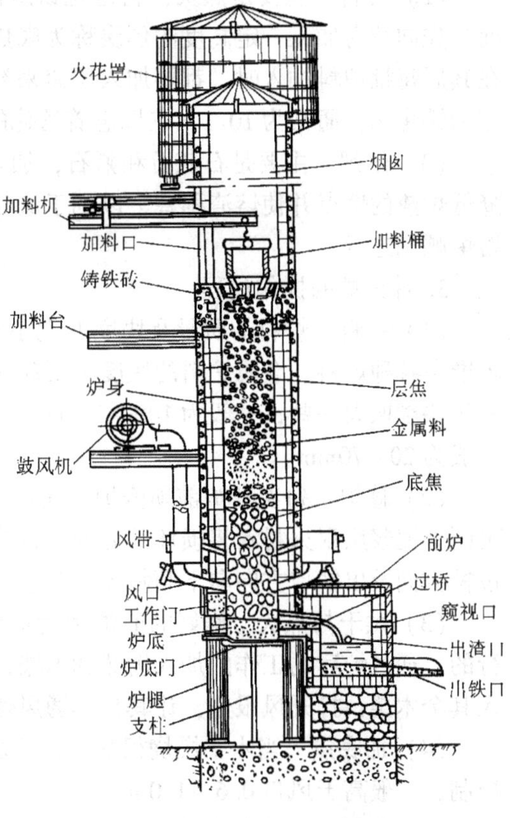

图 1－66　冲天炉的结构

1. 冲天炉的构造

冲天炉的大小是以每小时的出铁液量多少来衡量的，常用的冲天炉为 1.5～10t/h。冲天炉的构造如图 1－66 所示，共包括五个部分：

（1）后炉　是冲天炉的主体，它包括烟囱、火花罩、加料口、炉底、过桥、炉腿和支柱等部分组成。炉身外部用钢板制成圆桶形炉壳，其内砌上耐火砖炉衬。它的主要作用是完成炉料的预热、熔化和过热铁液。

（2）前炉　过热的铁液通过过桥进入前炉，前炉是起储存铁液和排渣作用的。其上有出铁口、出渣口和窥视口。

（3）加料系统　包括加料吊车、送料机和加料桶。它的作用是将炉料按一定配比和重量，按批次分别从加料口加入炉内。

（4）送风系统　包括鼓风机、风管、风带和风口。鼓风机鼓出的风经风管、风带、风口进入炉内，使焦炭充分燃烧。

（5）检测系统　包括风量计、风压计和料位计。它们与计算机相连可对熔炼状况进行监控。

2. 炉料及其作用

冲天炉的炉料包括金属炉料、燃料和熔剂三部分。

（1）金属炉料　新生铁：为主要材料，由高炉冶炼而得，有不同的牌号可供选择；回炉铁：主要是指铸件的浇冒口和废铸件，利用回炉铁可以降低成本，注意堆放时要按牌号堆放，以便使用；废钢：加入废钢的主要目的是降低铁液中的含碳量，由于废钢的来源比较复杂，使用前要进行鉴别分类，加料时要仔细检查，不要把密封容器、管子及爆炸物加入炉内，以免发生意外；铁合金：各种铁合金的作用是用来调整铁液化学成分或配制合金铸铁，常用的铁合金有硅铁和锰铁等。

（2）燃料　主要是焦炭，它是化铁所需热量的主要来源，同时靠它来支撑炉料。熔化前，先向炉内加入一定高度的焦炭称为底焦。在熔化过程中底焦的高度要求保持不变，因此在其后每批炉料加入时，都要加入层焦来补充底焦的烧损。每批金属炉料和焦炭重量的比，称为铁焦比，通常为10∶1，它标志着熔化的技术水平。

（3）熔剂　主要是石灰石和氟石，加入量为金属炉料重量的3%～4%。其主要作用是降低炉渣的熔点并使熔渣稀释，以利于渣与铁液分离，从出渣口排出，保证铁液的质量，使熔炼顺利进行。

3. 冲天炉的操作过程

（1）备料　炉料的质量及块度的大小对熔化质量影响很大，应按照铁液牌号的配比要求准备各种炉料。金属炉料的块度不要超过炉身内径的1/3，否则容易产生“搭棚”现象。底焦块度取大一些，一般为100～150mm，层焦块度可以稍小一些。熔剂和铁合金块度边长一般为20～70mm。

（2）修炉　每次开炉前须修炉，先将上次开炉后留在炉缸和前炉内壁的残渣清除干净，再刷上泥浆用耐火材料将损坏部分的炉衬修好。关闭炉底门，用旧砂捣制炉底，修成炉底向过桥方向及出铁口方向向下倾斜5°～7°。

（3）烘干与点火　修好的前炉和后炉应用木柴烘干，烘烤后炉的工作是与点火结合进行的。通过炉后的工作门加入刨花和木柴，然后点火。用耐火砖封闭工作门，再从加料口加入其余木柴，打开风眼盖，让其自然通风燃烧。

（4）加底焦　当木柴燃烧很旺时，从加料口分2～3批加入底焦，底焦的加入量要严格控制，一般高于风口0.6～1.0m。

（5）加料　待底焦全部燃着后，鼓风2～3min，吹掉炉缸内的灰分，使底焦燃旺，开始加料。每批炉料是按一定顺序加入的，即按熔剂→废钢→新生铁→回炉料→铁合金→层焦→熔剂…的顺序向炉内加料，一直加到加料口下沿为止。

（6）熔化　炉料预热 20～30min 后，即可开始正式鼓风熔化，鼓风约半分钟左右，关闭风口盖、用耐火泥堵上出铁口和出渣口。此时炉内焦炭急剧燃烧使炉温上升，正式鼓风 5～10min 后，铁料开始熔化，可从风口观察到铁液滴下，同时也形成熔渣。铁液和熔渣经过桥流入前炉中积存起来。最初熔化的铁液温度较低、质量差，一般只用来浇一些要求不高的铸件或芯骨。

在熔化过程中，随着炉料的下降，不断加入新炉料，当前炉中储存适量铁液后即可出渣、出铁。出炉的铁液温度一般在 1300～1400℃左右。

（7）停风、打炉　估计所加的料足够浇完所有的铸型时，即可停止加料。但是为了使最后几批料能正常熔化及保护炉壁，一般应多加两批料。当前炉储存的铁液足够浇注时，停止鼓风。出清铁液和熔渣，打开炉底门，使残余的炉料落下，用水浇灭余火，熔化结束。

二、铸钢的熔炼

铸钢按化学成分不同，主要分为碳素钢与合金钢两大类。

1. 铸钢的特点

铸钢与铸铁相比铸造性能差：熔点高（1520～1600℃），流动性差，收缩大，易产生偏析，高温时易产生氧化与吸气。一般应采用电炉熔化。电炉的熔化温度可高达 2000℃以上，这样就能熔化难熔的金属，如钨、钼、钛等均可加入以调整钢的成分；电炉熔炼还可以使钢液迅速达到冶金过程所要求的温度；炉内气氛根据冶炼需要可调节（还原或氧化）；钢液便于脱氧和增降碳量；当使用碱性炉衬时，还可以起到脱硫的作用。

2. 熔炼设备

常用于铸钢熔炼的电炉有电弧炉和感应炉两种，在中小型铸钢车间主要采用工频、中频感应电炉。

感应电炉构造如图 1－67 所示。在炉体中坩埚的周围是由紫铜管制成的感应线圈，当工频或中频电流通过感应线圈时，坩埚内的金属炉料在交变磁场作用下产生感应电流，由于炉料本身有电阻，形成涡流热被加热熔化。感应电炉容量小，冶炼出来的钢液比电弧炉好，但对炉料质量的要求较高，适应于中小型碳钢、合金钢铸件的生产。

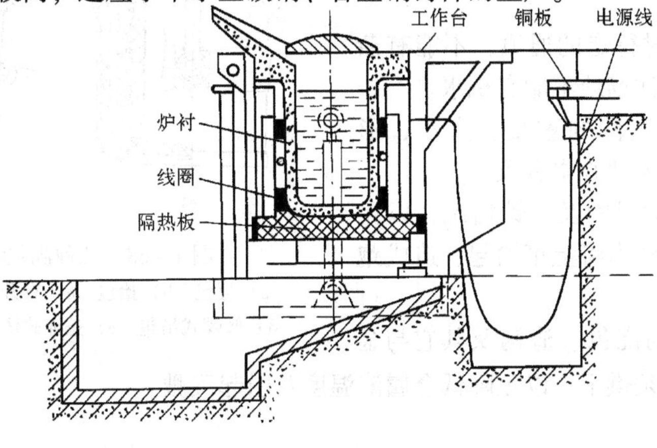

图 1－67　感应电炉

3. 感应炉熔炼的操作

1）捣制坩埚。根据熔炼合金的种类不同，碳钢选用硅砂（酸性），合金钢选用镁砂（碱性）为炉衬材料捣制坩埚，在第一次熔化时，应按一定的烘炉工艺低功率进行烘干烧结，然后正式熔炼。目前，也有使用感应炉整体炉衬的，其安装方便，使用安全、寿命长，免去了捣制坩埚，可不经烘炉直接送电熔炼。

2）装料。金属炉料主要为碳钢、回炉料、各种纯金属与铁合金。底部首先装小块金属炉料和碎电极(需增碳时才加),然后装回炉料及新料,未装完的料可在通电熔化过程中陆续加入。

3）熔炼。整个熔化过程是在熔渣覆盖下进行的。炉料熔化后，升温熔炼中、后期扒渣，然后扩散脱氧（用铝热剂），熔化终了时加入铝、硅钙进行强制脱氧后即可出炉。

三、浇注

将金属液浇入铸型的过程称浇注。如浇注操作不当，将使铸件产生浇不足、冷隔、跑火、夹渣和缩孔等缺陷。

1. 浇注前准备工作

1）浇包的准备。浇包是用来盛接金属液进行浇注的工具。浇注前，应根据铸件的大小、批量等选择合适的浇包。常用的浇包有：手握包，容量 15～20kg，适用于浇注小件；抬包，容量 25～100kg，适用于浇注中小件；单轨吊包和行车吊包，容量在 200kg 以上，由吊车吊运浇注，适用于浇注较大的铸件。图 1－68 所示为几种浇包示意图。

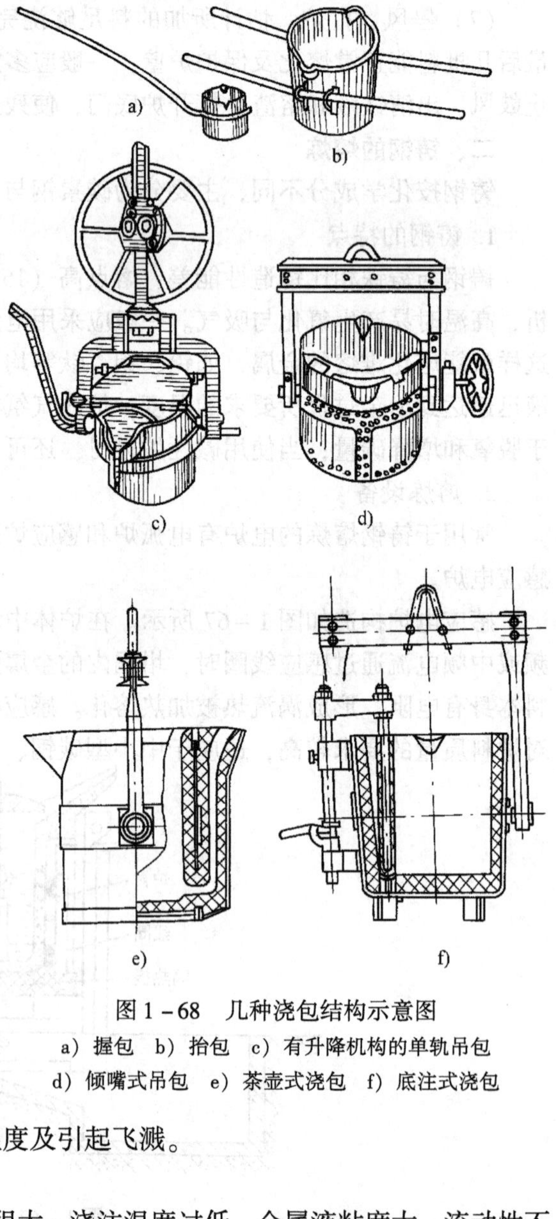

图 1－68　几种浇包结构示意图

a）握包　b）抬包　c）有升降机构的单轨吊包　d）倾嘴式吊包　e）茶壶式浇包　f）底注式浇包

浇包的外壳是用厚 2～10mm 钢板制成，内衬用耐火材料按一定的尺寸和技术要求捣修平整并烘干，使用前要预热，否则盛入铁液后不仅会降低铁液温度，而且会引起金属液沸腾和飞溅。

2）清理浇注时行走的通道，不能有杂物挡道，炉前及浇注场地不能有积水。

3）了解所浇注件的重量、大小、形状、合金牌号等，做到心中有数。

4）检查铸型的紧固及压铁情况，以免浇注时由于金属液浮力将上箱抬起，造成跑火。

5）浇注时用的浇包、渣钩及其它与金属液接触的工具必须烘干，以免降低金属液温度及引起飞溅。

2. 浇注工艺

（1）浇注温度　浇注温度对铸件质量影响很大，浇注温度过低，金属液粘度大，流动性不好，充型能力差，铸件易产生冷隔、浇不足、气孔、夹渣等缺陷；而浇注温度过高，则会使铸件产生粘砂、缩孔、裂纹与晶粒粗大等缺陷。合理选择浇注温度，对保证铸件质量起重要作用。

浇注温度与金属种类、铸件大小和壁厚有关。一般中小型灰铸铁件的浇注温度为1260～1350℃，形状复杂和薄壁铸件为1350～1400℃。铸钢件的浇注温度比铸铁高一些。金属液出炉温度应比浇注温度高，浇注时则应在保证金属液有足够流动性的情况下，温度尽可能低，即“高温出炉，低温浇注”。

（2）浇注速度　浇注速度对铸件质量也有很大影响，故浇注速度应适中。浇注速度太快，对铸型冲击力大，易冲砂造成砂眼，型内气体来不及析出而产生气孔。由于金属液动压力增大，易造成抬箱、跑火现象；浇注速度太慢，则使金属液降温过多，同时对铸型烘烤时间过长，易产生夹砂、冷隔、浇不足等缺陷。

对薄壁件、形状复杂和平板类铸件，应采用快速浇注，使金属液在较短的时间内充满型腔；厚壁铸件可适当放慢浇注速度，以利于冒口补缩，消除铸件缩孔。

3. 浇注操作过程

1）扒渣。金属液出炉后，应在包内静置片刻，使气体与熔渣更好上浮，在液面上撒一些稻草灰或集渣材料，使熔渣易于聚集，浇注前从包嘴侧面或后面将熔渣扒除干净。

2）测温。出炉时与浇注前均应对金属液测温。

铸铁与铸钢可用插入式热电偶（铂铑－铂铑热电偶，测温范围1600～1800℃）直接测温。目前，广泛应用的光电高温计，可不接触金属液进行测温。铸铝、铸铜用插入式热电偶（镍铬－镍硅热电偶，测温范围1200～1300℃）直接测温。

3）合理安排浇注顺序。当一包金属液浇注多个铸型时，应先浇薄壁复杂件和大件，后浇中小件及厚壁简单件。

4）浇注。浇注开始应先对准并靠近浇口杯缓慢给流，防止飞溅、氧化；随后全速浇注，始终充满浇口杯，不得中断，防止浇口杯中的熔渣进入型腔；当铸型将要浇满时，应适当降低浇注速度，以减小金属液的动压力，防止抬箱，避免金属液从冒口中大量喷出，便于型内气体排除。即采用“慢－快－慢”的原则。

5）挡渣。浇注时，用挡渣钩放在浇包嘴附近的金属液面上，阻止浇包中的熔渣进入浇口杯。

6）引气。也称点火，浇注过程中用红热的挡渣钩或废油棉纱点燃型内冒出的CO气体，使型内气体顺利排出，同时可防止有害气体漫延。

7）去压铁载荷。铸型浇注后，应按规定时间及时去除压铁载荷或松开锁紧螺栓，便于铸件自由收缩。

操　作　实　训

1. 参加冲天炉开炉、加料、炉前操作及浇注工作。
2. 参加感应炉的筑炉、烘炉、开炉全过程。

第四节　铸件的落砂、清理、检验及其主要缺陷分析

一、铸件的落砂

将铸件从浇注过的铸型中取出来的过程，称为落砂。

1. 落砂温度

铸件在铸型中冷却到一定的温度后，才能落砂，控制落砂温度极为重要。温度过高会使铸件产生表面硬化、白口，出现变形和裂纹。落砂温度过低，生产场地、砂箱占用时间长，生产效率低。一般应在保证铸件质量的前提下尽早落砂。对于收缩时受铸型或型芯阻碍的铸件，应尽早打开砂箱、打断芯骨或挖松局部受阻部分的型砂。落砂时间与铸件的形状、大小、壁厚及金属的种类有关。黑色金属铸件在冷却到 200～400℃时落砂较为合适，对形状简单的薄壁铸件，可在凝固后较早落砂。表 1－2 为中小铸件在砂型中的冷却时间可供参考。

表 1－2　中小铸件在砂型中的冷却时间

铸件重量 /kg	铸件最大壁厚 /mm	冷却时间/h	
		干型	湿型
5～10	10～12	0.5～0.7	0.4～0.5
10～30	10～15	0.7～1.0	0.5～0.7
30～50	12～20	1.0～1.5	0.7～1.0
50～100	15～30	1.5～3.0	0.8～1.5
100～250	20～40	2.5～4.0	1.5～2.0
250～500	25～50	3.0～4.0	2.5～4.0
500～2000	30～60	4.0～1.2	4.0～7.0

2. 落砂方法

落砂方法有手工落砂和机械落砂两种。

生产批量较小时常用手工就地落砂，用手锤或风动工具捣毁铸型取出铸件。手工落砂效率低，砂箱使用寿命短，由于灰尘多、温度高，劳动条件差。为改善劳动条件和提高生产率，尽可能采用机械落砂。

机械落砂是使用落砂机，将要落砂的铸型放在落砂机上，靠铸型与落砂机之间的碰撞实现砂箱、铸件与型砂分离。常用的落砂机有偏心振动落砂机、惯性振动落砂机和电磁振动落砂机。其中电磁振动落砂机取消了机械传动装置，结构简单，工作可靠，能量消耗少，并可调节振动强度，生产率高，目前被广泛使用。图 1－69 所示为电磁振动落砂机原理图。

二、铸件的清理

铸件的清理一般包括去除浇冒口、清除砂芯、铲除飞边毛刺、清理表面粘砂和缺陷修整等。

1. 去除浇冒口

灰铸铁件的浇冒口用锤击方法去除，锤击时应注意部位和方向，以免损坏铸件造成废品，如图 1－70 所示。对于铸钢件一般采用气割和电弧切割法去除浇冒口。有色合金铸件的浇冒口用手锯或砂轮片切除。

2. 清除砂芯

手工除芯，用钢钎、风铲、铁锤来清除砂芯，这种方法劳动强度大、条件差，生产效率低，只适应单件小批生产。大批量生产时可用其它清砂方法除芯，如气动除芯机，水力清砂，水爆清砂等。

3. 铸件的表面清整

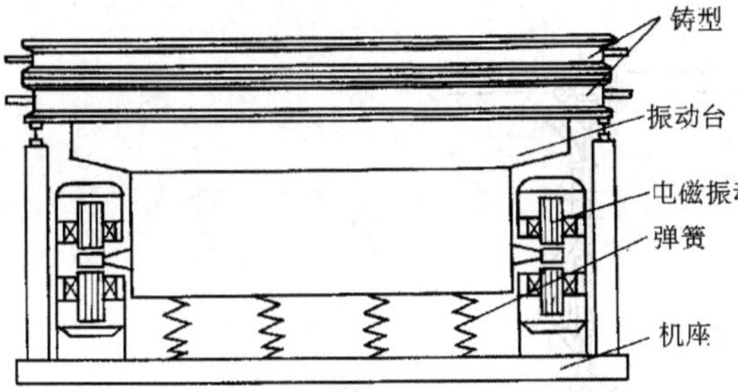

图 1－69　电磁振动落砂机原理图

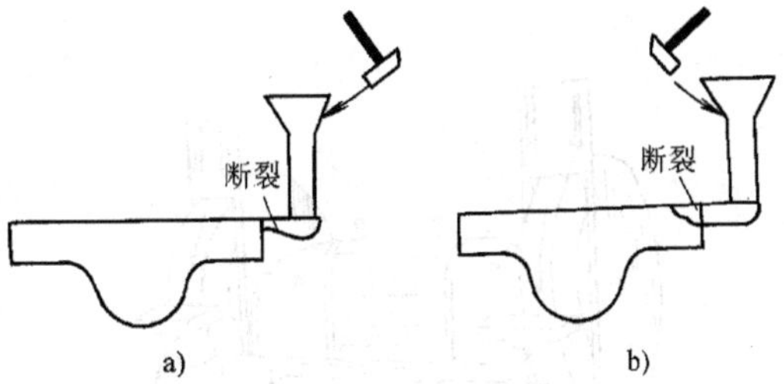

图 1－70　锤击浇冒口时应注意锤击方向
a) 正确　b) 错误

铸件的表面清整是清除表面的粘砂、氧化皮、多肉、飞边和浇冒口残根等，确保铸件形状、尺寸精度和表面粗糙度符合设计要求。

铸件的表面清理可用钢丝刷、錾子和风錾等手工工具进行手工清理。但因劳动强度大、效率低和清理质量差，已逐渐被机械方法所代替。常用的清理机械有清理滚筒、抛丸设备、砂轮机等。

(1) 普通清理滚筒　如图 1－71 所示。由滚筒体、传动系统和支架三部分组成。滚筒有圆形和多角形，将筒内装一些白口星形铁和适量的铸件，锁紧料门，当滚筒转动时，铸件与星形铁、铸件与铸件会发生碰撞摩擦来完成铸件的表面清理。滚筒端部有通风口，可将所产生的灰尘排出。这种滚筒结构简单，维修方便，但效率低噪声大，铸件轮廓会因碰撞而受损伤。主要用于小型简单铸件的清理。

(2) 抛丸清理滚筒　如图 1－72 所示。将铸件装入滚筒内关闭端盖，开动机器，滚筒以 3rpm/min 的转速旋转，内壁护板上的斜肋不断地翻动铸件，使铸件表面均匀地被抛丸器所抛射出来的铁丸所清理。这种方法明显改善了劳动条件，提高了铸件的清理质量，生产率高，它适应于中小铸件的清理。对于大中型铸件的清理，近年来，国内外已广泛使用的一种叫抛丸清理室的设备，也可用于抛丸落砂，能同时完成落砂、除芯、表面清理和旧砂再生等四道工序，是一种低耗能的高效设备。

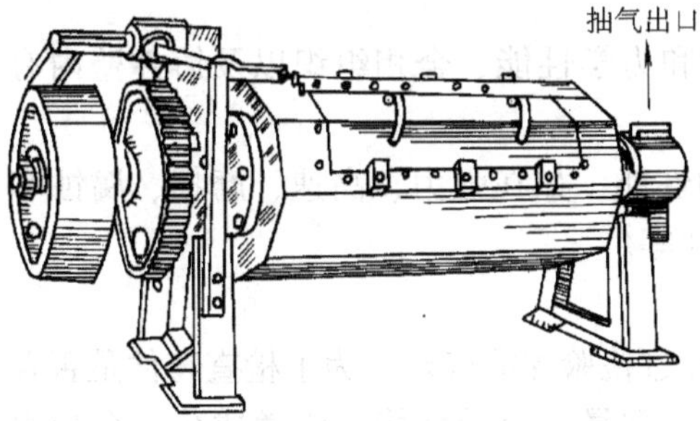

图 1－71　普通清理滚筒

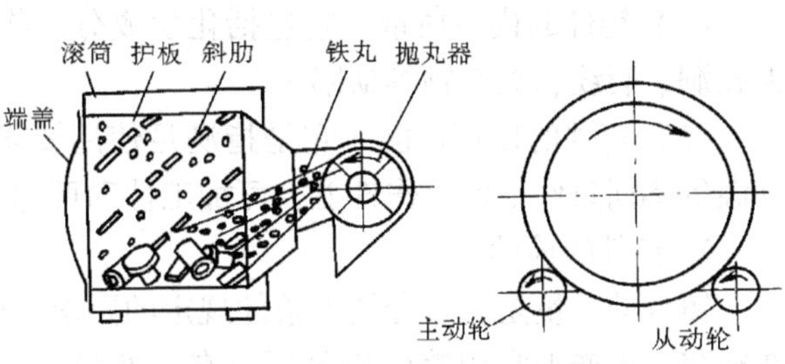

图 1－72　抛丸清理滚筒简图

(3) 砂轮机　砂轮机有固定式、悬挂式和手提式三种。如图 1－73 所示。常用于清整铸件表面，磨掉在分型面或芯头处产生的飞边、毛刺和残留的浇冒口痕迹。

三、铸件的检验

铸造生产中，影响质量的因素很多，有时一种缺陷由多种因素造成，或一种因素可能引

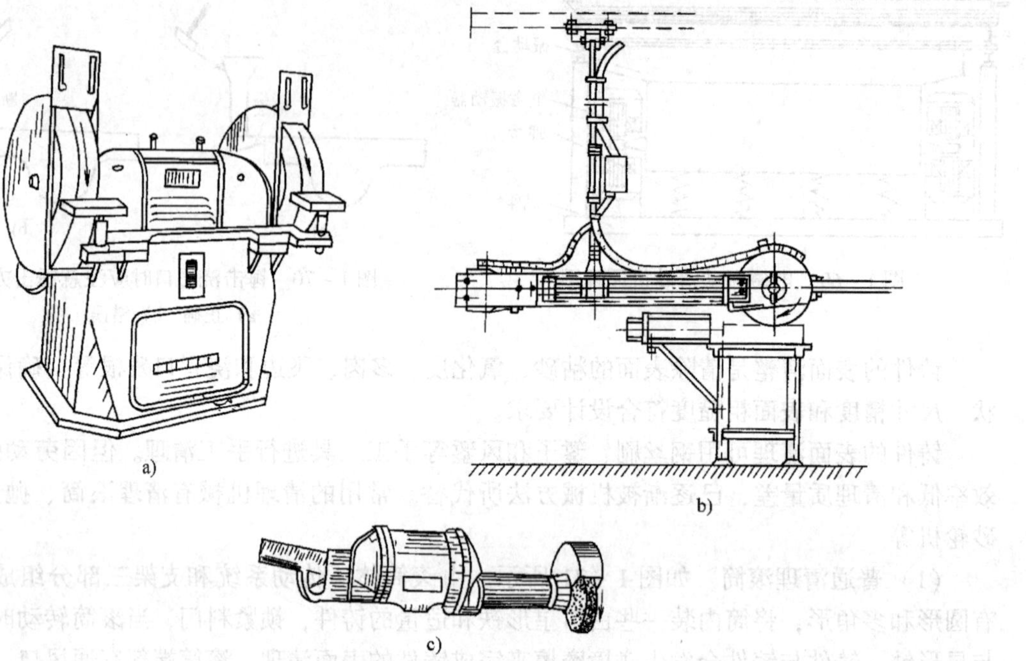

图 1－73　常用砂轮机外形示意图

a）固定式砂轮机　b）悬挂式砂轮机　c）手提式砂轮机

起多种缺陷。分析时应根据具体条件，找出产生缺陷的主要原因，采取相应措施防止和消除缺陷。对有缺陷的铸件，在保证质量的前提下，应尽量修复使用，减少浪费。

1. 铸件质量的概念

铸件的质量是对设计、材质、使用性能和铸造生产可靠性的综合反映。铸件质量应包含以下三方面：

（1）铸件的外观质量　它包括尺寸精度、形位公差、表面粗糙度、重量公差和允许的表面缺陷等。

（2）铸件的内在质量　它包括化学成分、物理和力学性能、金相组织以及铸件壁内有无孔洞、裂纹、夹杂物等缺陷。

（3）铸件的使用性能　它是指满足使用要求的性能，如在强力、高速、磨损、腐蚀和高温等不同条件下的工作性能，可加工性和可焊接性等。

2. 铸件的检验

铸件的质量是否符合技术条件规定的要求，要经过检验才能确定。为了检查铸件是否存在缺陷，生产中常用铸件检验项目有：外观、尺寸、重量、力学性能、化学成分、金相组织、检查内部缺陷的无损探伤法（如磁力、x 射线和超声波探伤等）以及水密、气密试验等。

四、常见铸件缺陷的特征及产生原因

铸件缺陷种类繁多，产生缺陷的原因相当复杂。表 1－3 列出了常见铸件缺陷的名称、特征及产生的主要原因。

表 1-3　常见铸件缺陷的名称、特征及产生原因

名　称	特　征	图　例	产 生 原 因
气孔	在铸件内部或表面，孔内表面光滑，多呈圆形	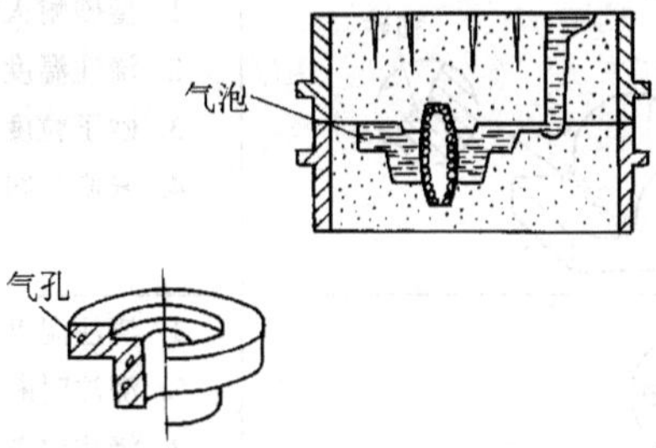	1. 砂型舂得太紧或型砂透气性差 2. 型砂太湿起模修型时刷水过多 3. 铸型透气性差 4. 浇注温度偏低
缩孔	铸件厚断面处出现形状不规则孔眼，孔内壁粗糙	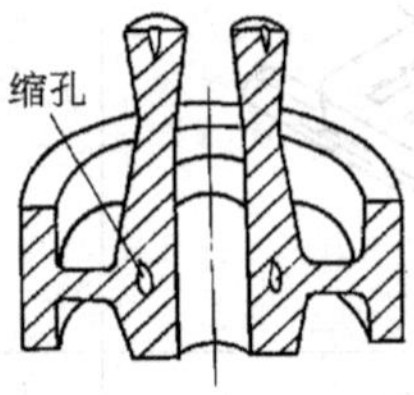	1. 冒口设置不合理 2. 浇注温度过高 3. 铸件结构设计不合理，无法补缩
砂眼	铸件表面或内部有砂粒充填	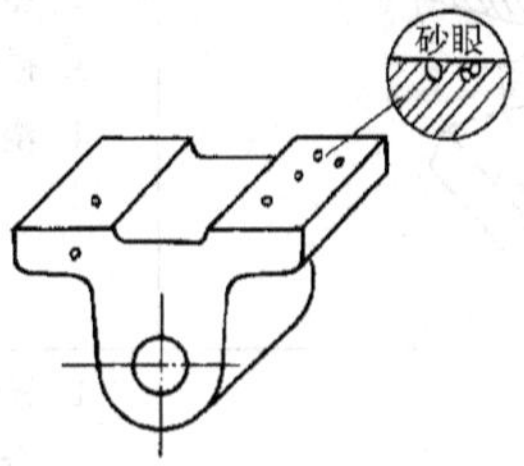	1. 型腔、浇口内散砂未吹净 2. 合箱时局部挤坏，掉砂 3. 浇注系统不合理，浇注时冲坏型芯
渣眼	铸件表面有含有熔渣的孔眼	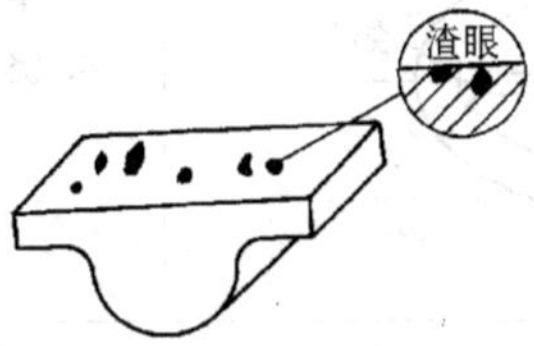	1. 浇注时挡渣不良 2. 浇注温度太低，渣子不能上浮 3. 浇注系统不正确，挡渣作用差
偏芯	铸件上孔位置偏离轴线	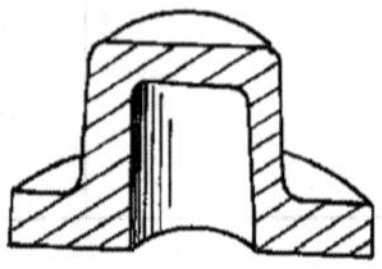	1. 砂芯没固定好，浇注时冲偏 2. 下芯时放偏或砂芯变形 3. 合箱时碰歪了型芯 4. 制模样时，芯头偏心
错型	铸件沿分型面处有错移	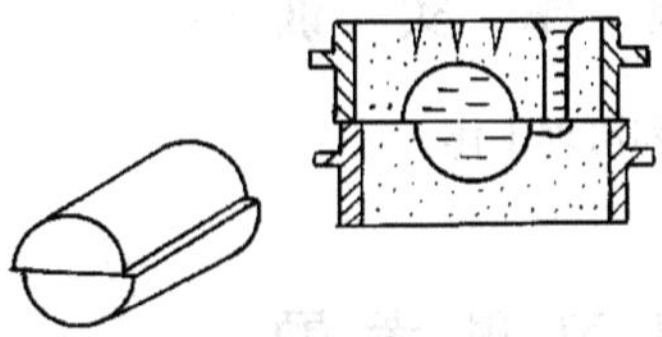	1. 合型时上下型未对准 2. 定位销或泥号定位不准 3. 模样上、下半模有错移 4. 合型后上、下砂箱未夹紧
浇不足	液态金属未充满铸型，铸件形状不完整	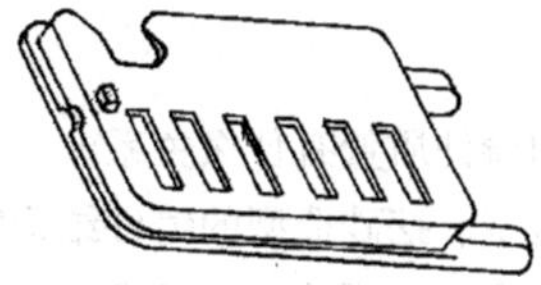	1. 铸件壁太薄，铸型散热太快 2. 浇注温度太低 3. 浇注系统太小或未开出气口 4. 浇注速度太慢

（续）

名 称	特 征	图 例	产 生 原 因
粘砂	铸件表面粗糙，粘有烧结砂粒	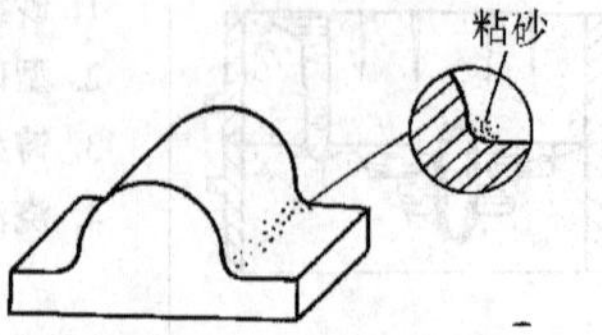	1. 型砂耐火性差 2. 浇注温度太高 3. 砂子粒度太粗 4. 未刷涂料或涂料太薄
冷隔	铸件表面有未完全融合的缝隙，接头处边缘圆滑	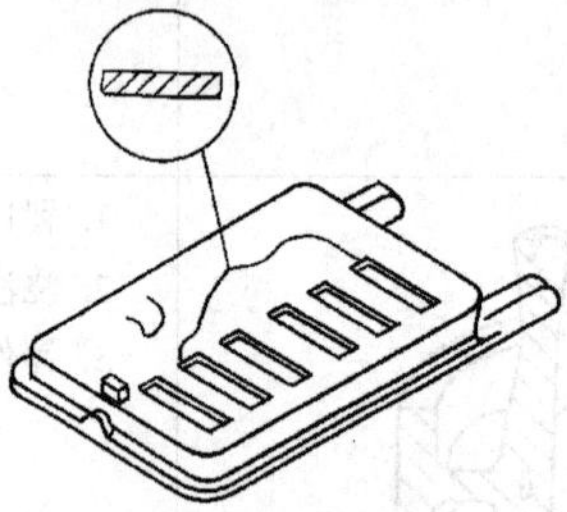	1. 浇注温度过低 2. 浇注时断流或浇注速度太慢 3. 浇注位置不当或浇道太小
夹砂	铸件表面有一层金属片状物，在金属片和铸件之间夹有一层型砂		1. 型砂受热膨胀，表面鼓起或开裂 2. 型砂热温强度过低 3. 砂型局部过紧，水分过多 4. 浇注温度过高，浇注速度太慢
裂纹	热裂是在高温下形成的，裂口形状曲折，裂纹处表面呈氧化色 冷裂是在低温下形成的，裂纹较直	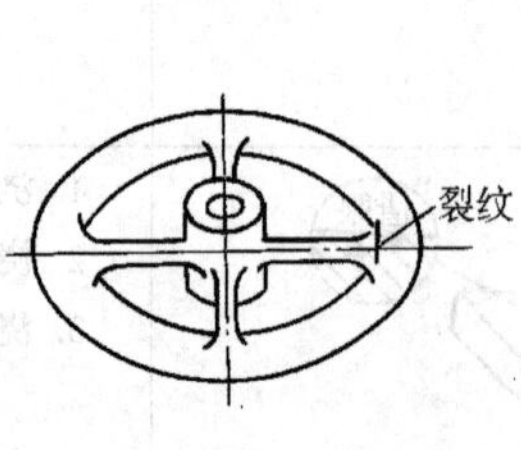	1. 铸件结构不合理，薄厚差别大 2. 合金内硫、磷含量较高 3. 型芯砂退让性差，阻碍收缩 4. 浇注温度太高
白口	灰铸铁件出现断口呈银白色，性能硬脆，难以机械加工		1. 金属液化学成分不对 2. 落砂过早，铸件冷却过快 3. 铸件壁太薄

操 作 实 训

1. 利用车间设备和工具进行铸件的落砂和清理工作。
2. 对现场典型的铸件缺陷进行分析。

复 习 思 考 题

1. 什么叫铸造？试述砂型铸造的工艺过程。
2. 型砂、芯砂应具有什么工作性能？它们和铸件质量有什么关系？
3. 试分析比较整模造型、分模造型、刮板造型、挖砂造型的铸件结构特点是什么？
4. 砂型扎通气孔和开设出气冒口的目的是什么？有哪些工艺要求？

5. 一般浇注系统由哪几部分组成？各部分作用如何？
6. 起模时为什么要用手锤轻轻敲击起模针？如果敲重了会产生什么不良后果？
7. 型芯的作用是什么？什么情况下要用芯撑？使用芯撑时应注意什么问题？
8. 冲天炉熔化时，为什么炉料要一批一批分批加入？为什么要保持炉料与加料口平齐？
9. 什么叫底焦？底焦高度正确与否对熔化过程有何影响？层焦起什么作用？
10. 浇注前应做好哪些准备工作？
11. 什么叫浇注温度和浇注时间？对铸件质量有何影响？
12. 浇注速度快慢对铸件质量有什么影响？一个铸型为什么必须一次注满？
13. 试解释下列名词：
a）模样、型芯；b）砂型、型砂；c）分型面、分模面；
d）底焦、层焦、铁焦比、三吨冲天炉。
14. 落砂时为何要规定铸件落砂温度或铸件在铸型中停留时间？如何控制这一温度或时间？
15. 清理滚筒是如何进行铸件表面清理的？放入星形铁有何作用？
16. 如何判别气孔、缩孔、砂眼渣眼四种缺陷？简述它们的生成原因。
17. 试述浇不到、未浇满、跑火三种缺陷产生的原因、特征和防止办法有何区别？

第二章 锻压实训

教学要求：

1）了解锻造和冲压生产的工艺过程、特点及应用。

2）了解锻造与冲压生产所用设备（空气锤、冲床）和工具的构造、工作原理和使用方法。

3）了解锻造前锻坯的加热规范，常见坯料加热缺陷。

4）熟悉自由锻造的基本工序并进行操作。

5）了解胎模锻、锤上模锻的基本工序。

6）了解冲压基本工序及简单冲模结构。

7）了解锻件、冲压件的缺陷及其产生原因。

第一节 概 述

一、锻压的定义

锻造和冲压简称为锻压，都是利用外力对坯料施加压力，使其产生塑性变形，改变尺寸、形状并改善力学性能，而获得锻件或冲压件的加工方法。

二、锻压生产的特点及应用

1. 锻造的特点及应用

锻造通常是在加压设备及工模具的作用下使加热的坯料、铸锭产生局部或全部塑性变形，以获得一定几何尺寸、形状和质量的锻件。

锻造适合于各类塑性良好的金属材料，如钢、铝、铜及其合金等。

锻件内部组织致密、均匀，力学性能优于铸件，能承受较大的载荷和冲击。因此对于力学性能要求较高的重要零件一般都采用锻件毛坯，如主轴、传动轴、齿轮、凸轮、连杆等。锻造还可节省金属材料，节省切削加工工时，提高生产率。但锻件形状的复杂程度不如铸件，尤其是有复杂内腔的零件，不易锻造。

2. 冲压的特点及应用

冲压是通过压力机上的模具使板料分离或变形而获得冲压件。一般在常温下进行，又称为冷冲压。冷冲压材料大多是金属板料，故又称板料冲压。板料厚度大于 8mm 时采用热冲压。

冲压材料应具有良好的塑性。常用的有低碳钢板、铝板、铜板等。

冲压件刚性好、结构轻、精度高，冲压工艺效率高、成本低；但冲模成本较高，适用于大批量生产。冲压件在各种机械、仪器、仪表、电子器件、电工器材及家用电器、生活用品中有广泛的应用。

三、锻压生产安全知识

锻压生产车间工作条件特殊，是工伤事故多发场合，除要严格遵守一般的安全操作规程外，还应注意以下几点：

1）未经指导老师允许不得擅自开动设备，开启前必须检查设备是否完好，安全防护装置是否齐全有效。

2）坯料加热、锻造和冷却过程中应防止烫伤。

3）钳口的形状和尺寸必须与坯料的截面相适应，以便夹牢工件。严禁将夹钳对准人体，严禁将手指放在两钳柄之间，以免夹伤。

4）锻锤开启后，司锤者应集中精力按掌钳者的指挥操作，掌钳者发出的信号要清晰。

5）不要在锻造时易飞出冲头、料头、毛刺、火星等物的危险区停留。严禁将手和头伸入锻锤与砧座之间，砧座上的氧化皮应用夹钳、长柄扫帚等工具清除。

6）锤头应做到“三不打”，即砧上无锻坯不打；工件未夹牢不打；过烧或过冷的坯料不打。

7）冲压板料时，严禁将手或头伸入上、下模之间，严禁用手直接取、放冲压件，应采用工具钩取。

8）冲压操作结束后，应切断电源，使滑块处于最低位置（模具处于闭合状态），然后进行必要的清理。

第二节　自由锻造

利用简单的通用性工具或锻压设备（锤、水压机）的冲击力或静压力，使金属坯料在上下砧之间产生塑性变形，以获得所需几何形状及内部质量锻件的方法称为自由锻。自由锻分为手工自由锻（手锻）和机器自由锻（机锻）两种。现代化的车间主要采用机器自由锻。

一、坯料的加热

1. 坯料加热的目的和要求

锻造前要对金属坯料加热，目的是提高金属的塑性和降低变形抗力，即提高其锻造性能。

加热过程中，金属表面被氧化而形成氧化皮，不仅造成金属的损耗，而且在锻造时易被压入锻件表面，影响表面质量。钢的加热温度愈高，加热时间愈长则氧化皮愈多。因此，对坯料加热的要求是在保证坯料均匀热透的前提下，用最短的时间加热到所需的温度，以减少金属的氧化和降低燃料的消耗。

2. 锻造温度

锻造时，材料所允许的最高加热温度称为该材料的始锻温度。加热坯料时若超过始锻温度，则会造成过热、过烧等加热缺陷，甚至使坯料报废。

锻造过程中，随着坯料温度的不断下降，其塑性越来越差，变形抗力越来越大，以致越来越难以继续锻造。各种材料允许进行锻造的最低温度称为该材料的终锻温度。如果在终锻温度下继续锻造，不仅变形困难，而且可能造成坯料开裂或模具、设备损坏。

从始锻温度到终锻温度的温度区间称为锻造温度范围。常用金属材料的锻造温度范围见表2－1。

表 2－1　常用材料的锻造温度范围

材　料	锻造温度范围/℃		材　料	锻造温度范围/℃	
	始锻温度	终锻温度		始锻温度	终锻温度
低碳钢	1200～1500	800	碳素工具钢	1050～1150	750～800
中碳钢	1150～1200	800	合金工具钢	1050～1150	800～850
合金结构钢	1100～1150	850	高速工具钢	1100～1150	900
铜合金	450～500	350～380	耐热钢	1100～1150	800～850
铝合金	800～900	650～700	轴承钢	1080	800

锻造时金属坯料的温度可通过仪表来测量，但实际生产中，一般常用目测金属坯料火色的方法来判断。表 2－2 为碳钢火色与加热温度的对应关系。

表 2－2　碳钢的火色

温度/℃	1300	1200	1100	1000	900	800	700	600 以下
火色	黄白	淡黄	深黄	橘黄	淡红	樱红	暗红	暗褐

3. 加热设备

金属坯料的加热设备，按所采用的热源，可分为火焰加热和电加热两大类。

（1）火焰加热　火焰加热设备有室式重油炉和煤气炉两种。室式重油炉的结构及工作原理如图 2－1 所示。重油与具有一定压力的空气分别由两个管道送入喷嘴，压缩空气从喷嘴喷出时，所造成的负压能将重油带出，在喷嘴附近混合雾化后，喷入炉膛进行燃烧。调节重油及空气流量，便可调节炉膛的燃烧温度。

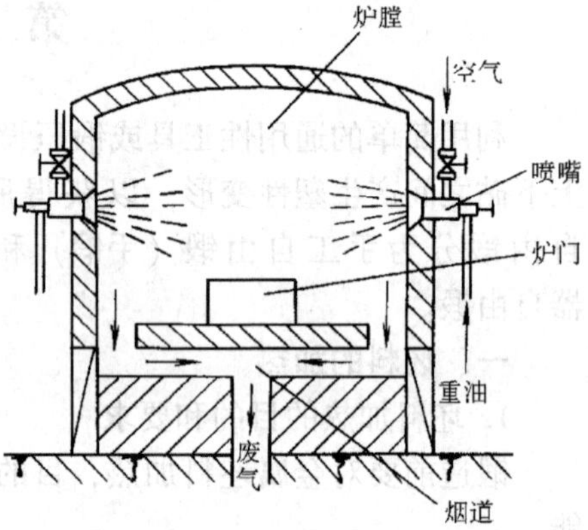

图 2－1　室式重油炉的结构

煤气炉的构造与室式重油炉基本相同，主要区别在于喷嘴的结构不同。

（2）电加热　电加热是通过把电能转变为热能来加热金属坯料，主要有电阻加热和感应加热，与热处理所用设备相同。

二、自由锻工具与设备

1. 自由锻常用工具

自由锻常用工具主要有夹钳、铁砧、冲子、剁刀、漏盘、平砧等，如图 2－2 所示。

2. 自由锻设备

自由锻设备主要有空气锤、蒸汽－空气锤及水压机。一般中小型锻件常采用空气锤和蒸汽－空气锤锻造。

空气锤的吨位以落下部分的质量（包括工作活塞、锤杆、上砧铁）表示，我国空气锤的吨位为 75kg～1000kg，可以锻造小于 100kg 的锻件，大型锻件主要采用水压机锻造。

空气锤的外形结构及工作原理如图 2－3 所示。电动机 3 通过减速器 2 和曲柄－连杆 4，推动压缩汽缸 6 中的压缩活塞 5 作上下往复运动，产生压缩空气，并通过旋转气阀 7、10 交

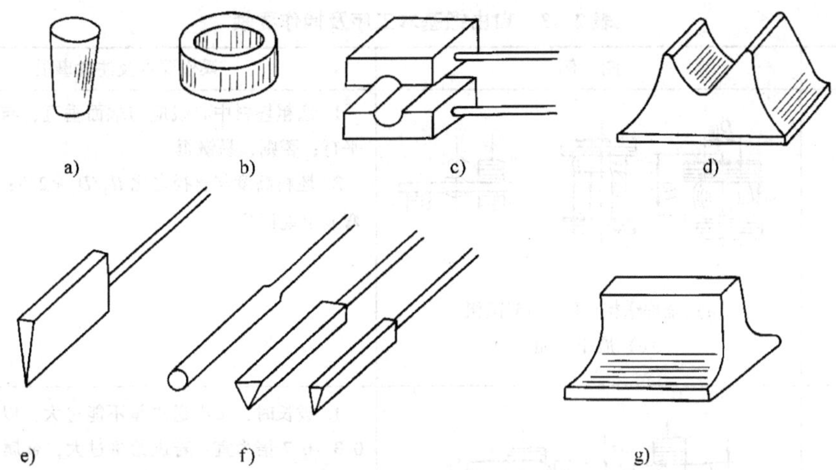

图 2-2　自由锻常用工具

a）冲子　b）漏盘　c）摔子　d）V 形铁砧　e）剁刀　f）压痕刀　g）平砧

替进入工作缸 8 的上部和下部空间，迫使工作活塞 9 连同上砧铁 11 相对下砧铁 12 作向上和向下运动，对坯料进行打击。这些动作都是通过操作手柄或踏杆 1 控制的。

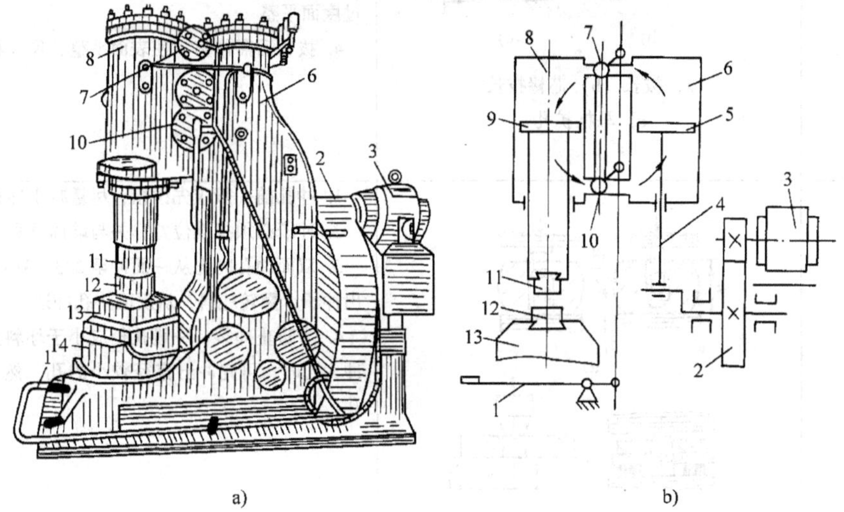

图 2-3　空气锤

a）外形结构　b）工作原理

1—踏杆　2—减速器　3—电动机　4—连杆　5—压缩活塞　6—压缩缸　7、10—旋转气阀　8—工作缸　9—工作活塞　11—上砧铁　12—下砧铁　13—砧垫　14—砧座

三、自由锻的基本工序及操作要领

自由锻造时，锻件的形状是通过一些基本变形工序，将坯料逐步锻成的。自由锻的基本工序有下料、镦粗、拔长、冲孔、弯曲、扭转等。为方便基本工序的操作，可先对坯料进行少量的变形，即使用辅助工序，如压肩、压钳口、倒棱等；为使锻件尺寸合格，表面光洁，还可在基本工序后进行精整工序，如校正，滚圆，表面平整等。表 2-3 为自由锻基本工序及操作要领。

表 2-3　自由锻基本工序及操作要领

工序名称	图　例	操作要点及注意事项
镦粗	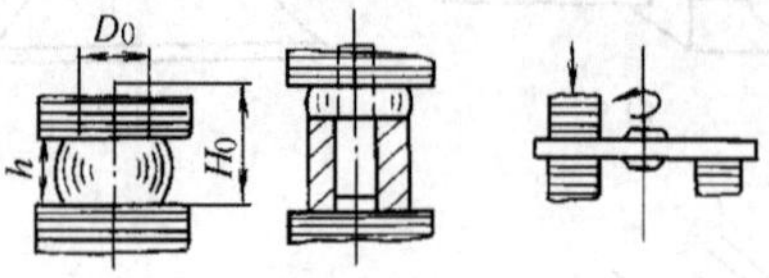 a)　b)　c) a）全部镦粗　b）局部镦粗 c）展平镦粗	1. 镦粗坯料中心线应与端面垂直、与锤杆中心线平行；否则，易镦歪 2. 坯料高度与直径之比 $H_0/D_0<2.5$；否则，易镦弯或出现折叠
拔长	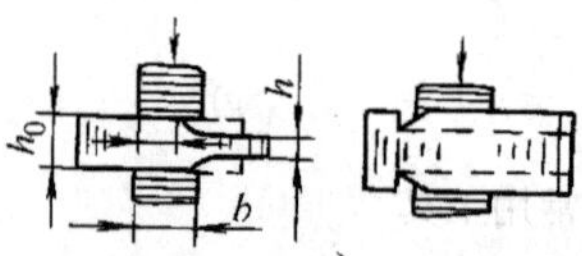 a) 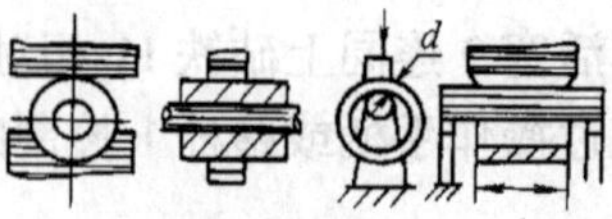 b)　c) a）拔长　b）芯棒拔长 c）马杠扩孔	1. 拔长时，每次送进量不能过大，以砧铁宽度的 0.3～0.7 倍为宜；若进给量过大，金属主要沿宽度方向流动，拔长效率反而下降，锻件表面不平整 2. 拔长过程中要不断翻转坯料，压下量要适当，应使坯料宽度与厚度之比 b/h_0 不超过 2.5 以免产生夹层 3. 锻台阶或凹档时，应先在分界面上压肩，以使过度面平整 4. 拔长后需修整，使表面平整，尺寸和形状规则
冲孔	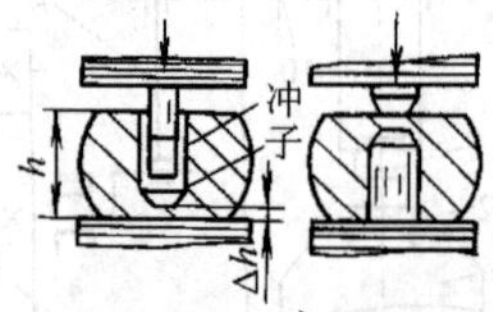 a) 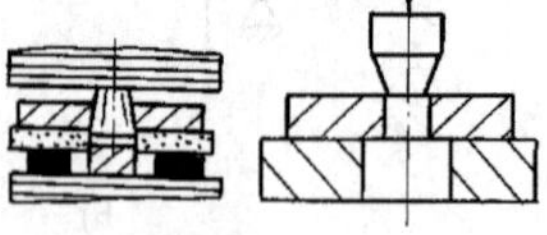 b)　c) a）双面冲孔　b）单面冲孔 c）冲头冲孔	1. 冲孔前一般应先镦粗，尽量减小冲孔厚度 2. 冲子必须找准位置，并与端面垂直 3. 双面冲孔时先从一面冲至 2/3～3/4 处，然后取出冲子，翻转坯料，从反面将孔冲透 4. 为防止冲裂，一般孔径应小于坯料直径的 1/3；冲大孔时，可先冲出直径较小的孔，然后用冲头扩孔
弯曲	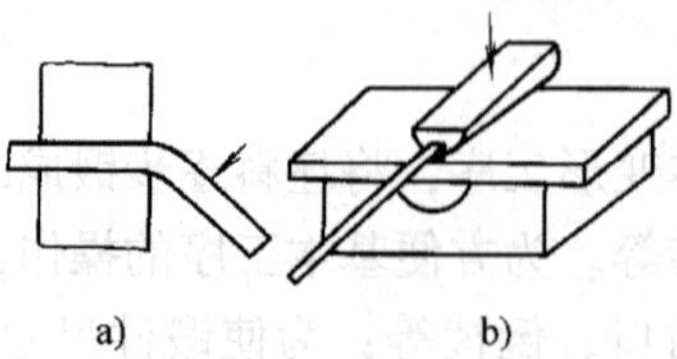 a)　b) a）角度弯曲　b）弧度弯曲	弯曲时只需在受弯部位局部加热

（续）

工序名称	图　例	操作要点及注意事项
错移	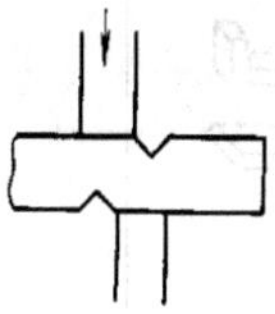	错移前应在错移部位压肩，然后锻打错移
扭转	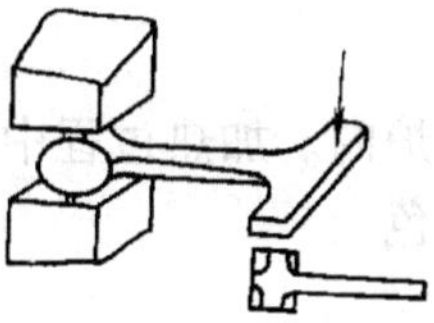	1. 为防止工件扭裂，扭转件表面应光洁、无缺陷，面与面相交处应圆角过渡 2. 扭转部分应加热到较高锻造温度，并保证热透 3. 扭转后要缓冷或退火处理

四、典型自由锻件的锻造工序

锻造工序是根据锻件类型来确定的。常见锻件类型及所用的锻造工序见表2-4，工序确定后还需确定所用的工具、加热设备、加热和冷却规范。

表2-4　常见锻件类型及锻造工序

锻件类型	图　例	主要锻造工序
实心轴类	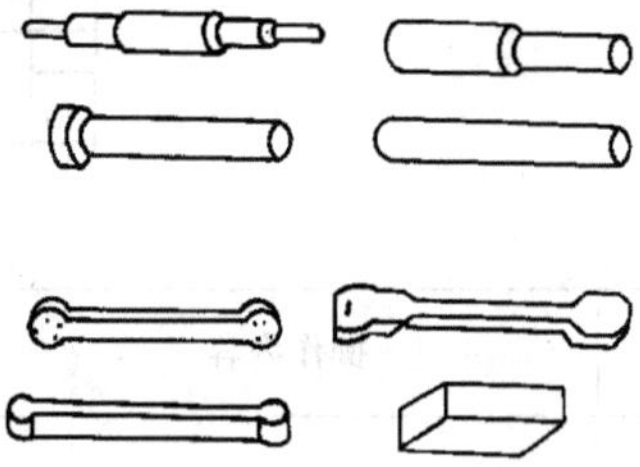	镦粗、拔长、切割、锻台阶
空心筒、套类	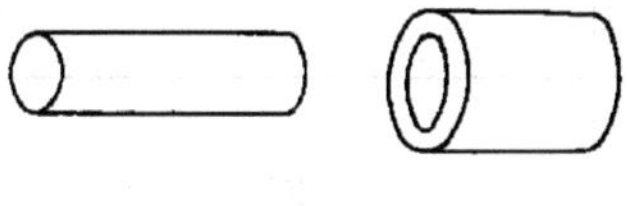	镦粗、冲孔、芯棒拔长
曲轴类	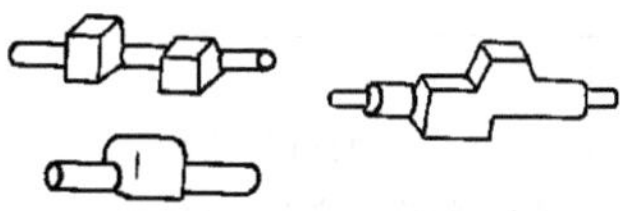	拔长、切割、错移、锻台阶、扭转
盘类、环类		镦粗、冲孔、马杠扩孔、冲子扩孔

（续）

锻件类型	图　例	主要锻造工序
弯曲件	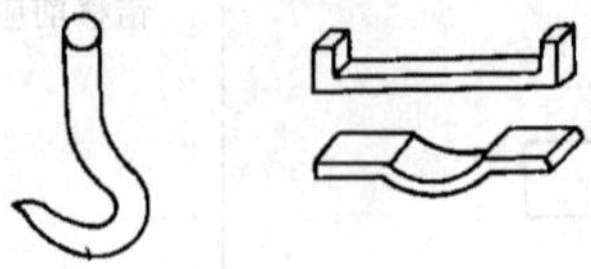	拔长、弯曲

五、自由锻操作

1. 锻造炉的操作

点燃炉子，控制风门，把螺栓坯和齿轮坯放在炉内。加热过程中定时翻动坯料，利用火色鉴别坯料温度。一般中碳钢应加热到坯料呈淡黄色。

2. 空气锤操作

通过操纵手柄或踏杆练习锻锤的悬空、下击、单击、连击、轻击、重击等。

3. 螺栓坯和齿轮坯的锻造操作

1）准备坯料（尺寸规格见表2－5、表2－6）、锻工钳、圆口三角刀、剁刀、漏盘、卡钳、钢直尺等。

表2－5　六角螺栓坯的自由锻工艺过程

锻件名称：六角螺栓坯
坯料规格：ϕ62mm×62mm
锻件材料：35钢
锻造设备：75kg空气锤

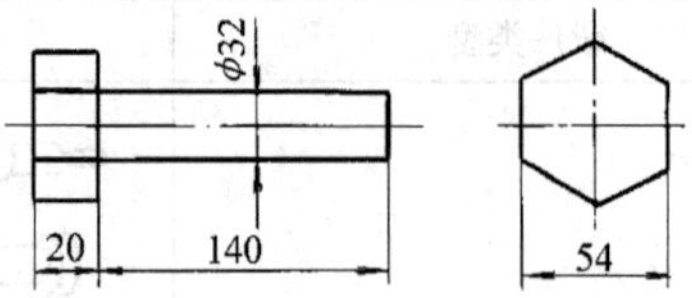

	火次	序号	温度/℃	操作内容	简　图
工艺过程	1	1	1200～800	（整体加热） 压肩	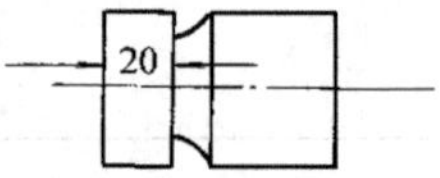
		2	1200～800	拔长 倒棱	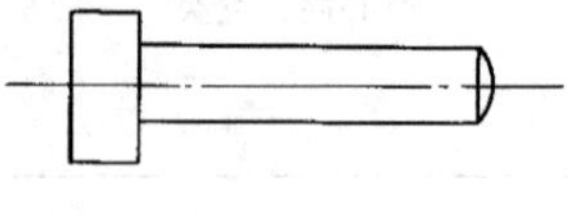
		3	1200～800	（杆部加热） 切割料头成定长、校直、滚圆	
		4	1200～800	（头部加热） 锻六棱	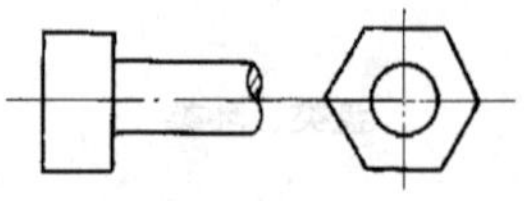

2）按表 2－5 中的工艺过程完成螺栓坯的锻造。

3）按表 2－6 中的工艺过程完成齿轮坯的锻造。

4）锻造过程中应控制各部位的尺寸，锻后采用空冷并进行检验。

表 2－6　齿轮坯自由锻过程

锻件名称：齿轮坯

坯料规格：ϕ40mm × 90mm

锻件材料：45 钢

锻造设备：75kg 空气锤

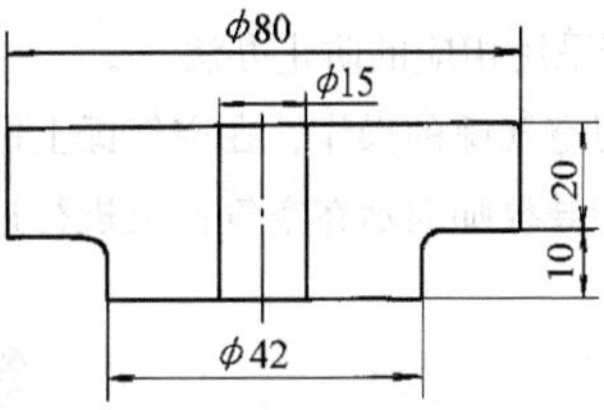

	火次	序号	温度/℃	操作内容	简图
工艺过程	1	1	1200～800	（整体加热） 用漏盘进行局部镦粗	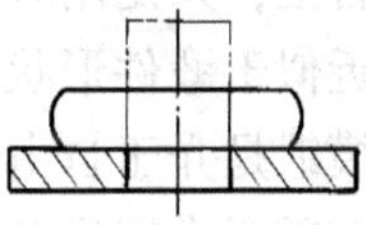
		2	1200～800	双面冲孔	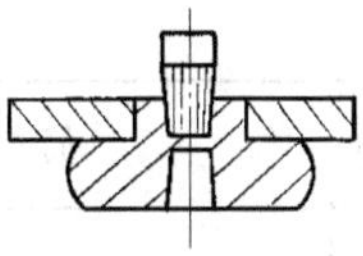
		3	1200～800	外圆滚圆	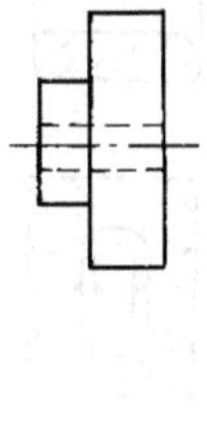

六、锻件的冷却

正确加热和合理锻造，可获得高质量锻件。若锻后冷却不当会使锻件发生变形和裂纹等缺陷。

（1）空冷　在无风空气中将锻件放在干燥地面上冷却。适用于塑性较好的中、小型锻件。

（2）坑冷　在充填石棉灰、砂子或炉灰等绝热材料的坑中冷却。适用于塑性较差的中型锻件。

（3）炉冷　在500～700℃的加热炉中，随炉缓慢冷却。适用于塑性较差的大型锻件、重要锻件和形状复杂的锻件。

操　作　实　训

1. 正确使用车间加热炉对坯料加热。能用火色大致鉴别钢料的始锻温度和终锻温度。判断加热时缺陷的种类并能采用相应的防止办法。

2. 练习空气锤的操作，在空气锤上锻造工件（镦粗、拔长）。

3. 由指导教师演示在空气锤上进行冲孔、扩孔、弯曲、扭转及错移操作。

第三节　模　　锻

利用模具使坯料变形获得锻件的锻造方法称为模锻。它可分为胎模锻和锤上模锻。

一、胎模锻

在自由锻设备上使用可移动的模具生产模锻件的锻造方法，称为胎模锻。胎模不固定在锻造设备上，只是用时才放上去，用完搬下来。对形状复杂的锻件，通常先用自由锻将坯料预锻成近似于锻件形状，然后采用胎模终锻成形。

胎模锻是介于自由锻和模锻之间的一种锻造方法。它的生产率和锻件尺寸精度都比自由锻高，不需要模锻设备，且胎模制造简便、成本低，但其锻件质量、生产率和模具寿命均不如模锻高，而且劳动强度大。胎模锻在小型锻件的中、小批量生产中广泛应用。

1. 常用胎模的种类、结构和应用范围见表2－7

表2－7　常用胎模的种类、结构和应用范围

序号	名称	简图	应用范围	序号	名称	简图	应用范围
1	摔子（夹模）	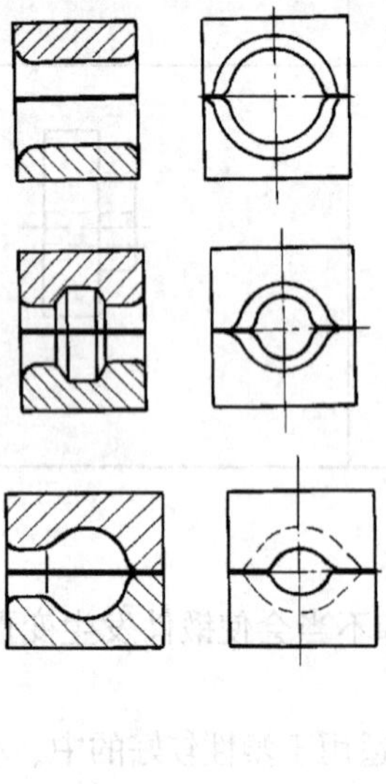	轴类锻件的成形或精整，或为合模锻造制坯	2	扣模	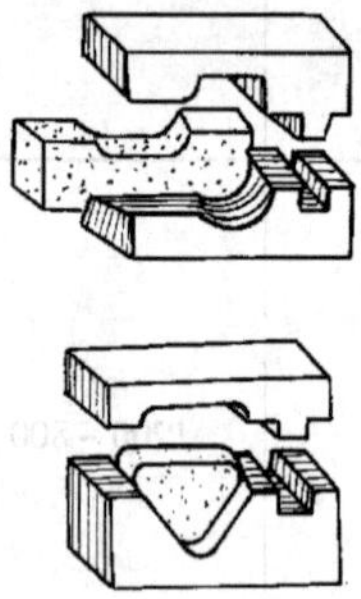	非回转体锻件的局部或整体成形，或为合模锻造制坯
				3	弯模	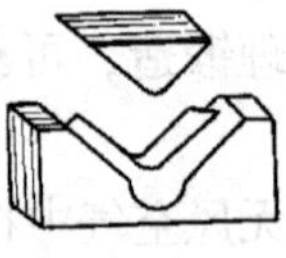	锻件的弯曲成形或为合模锻造制坯

（续）

序号	名称	简图	应用范围	序号	名称	简图	应用范围
4	套模	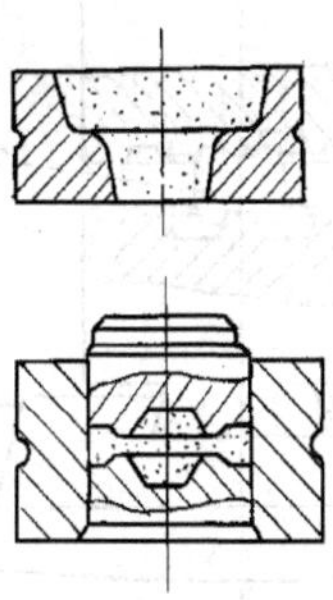	回转体类锻件的成形	5	合模	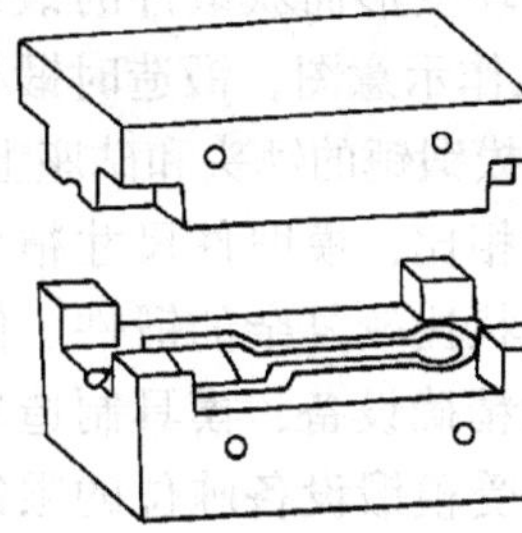	形状较复杂的非回转体类锻件的终锻成形

2. 典型件的胎模锻工艺过程见表 2－8

表 2－8　阀体的胎模锻工艺

锻件名称：阀体

毛坯重量：58kg

锻造设备：3t 蒸汽－空气锤

锻件图：

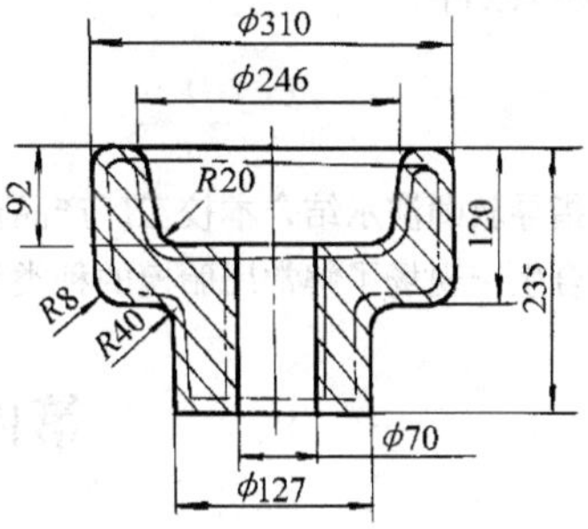

序号	工序说明	工艺简图	序号	工序说明	工艺简图
1	预镦粗（兼去除氧化皮）	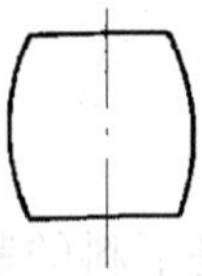	4	压凹坑	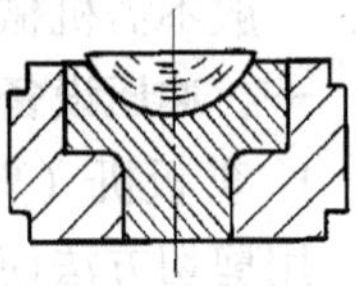
2	开式套模中镦粗	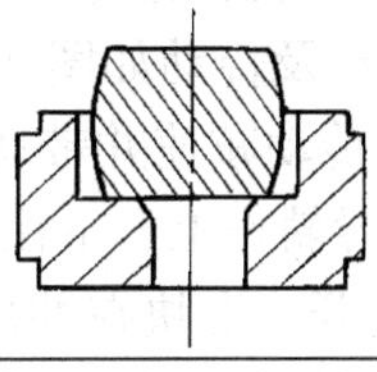	5	中部凹孔成形	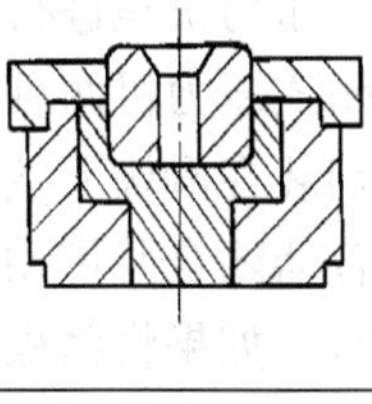
3	镦平顶部	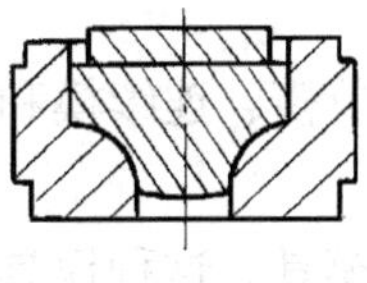	6	翻转、冲孔	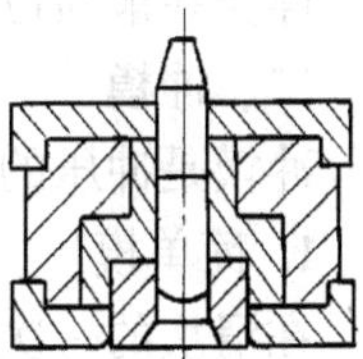

二、锤上模锻

锤上模锻简称模锻，它是利用固定在模锻锤上的锻模使毛坯变形而获锻件的锻造方法。图 2-4 为模锻工作示意图，锻造时锻模的上、下模分别固定在模锻锤的锤头和砧座上。

与胎模锻相比，模锻件尺寸精确、生产率高，可锻出形状比较复杂的锻件。但模锻要求使用吨位大的精确设备，模具制造复杂、成本高，目前由于受模锻设备吨位的限制，模锻件的质量一般在 150kg 以下。因此，适用于中、小型锻件大批量生产。

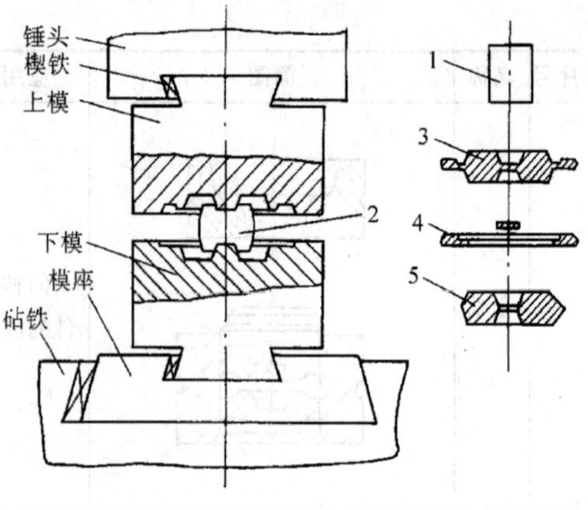

图 2-4　模锻工作示意图

1—坯料　2—锻造中的坯料　3—带飞边和连皮的锻件　4—飞边和连皮　5—锻件

模锻的主要工艺过程如下：

下料→加热坯料→制坯→模锻→切边→校正→检验→锻件。

操　作　实　训

1. 由指导教师演示结合本校工厂产品使用胎模进行锻造。
2. 结合生产现场了解常用胎模的种类和结构。

第四节　板 料 冲 压

板料冲压是塑性加工成形的基本方法之一，它是利用装在压力机上的模具使板料分离或成形，从而获得所需形状和尺寸的毛坯或零件。冲压件重量轻、刚性好、尺寸精确、表面光洁，一般不需机械加工即可使用。

一、冲压设备

1. 剪板机（剪床）

用剪切方法使板料分离的机器称为剪板机，它是下料的基本设备。

2. 压力机（冲床）

压力机是进行冲压加工的基本设备。压力机的类型很多，按机身结构可分为开式压力机和闭式压力机两种。常用的开式双柱压力机的外形及传动如图 2-5 所示。冲模的上、下模分别装在滑块下端和工作台上。电动机通过 V 带传动减速并带动大带轮转动。踩下踏板后，离合器闭合并带动曲轴旋转，使连杆带动滑块沿导轨作上、下往复运动，进行冲压加工。操作时，如果将踏板踩下后立即抬起，则离合器脱开，滑块在冲压一次后便在制动器的作用下，停止在最高位置上；如果踏板不抬起，滑块就进行连续冲压。

二、冲模

冲模是冲压的工具。常用的冲模有三种，简单模、连续模和复合模。

1. 简单模

在滑块的一次行程内只完成一道冲压工序的模具。这种模具结构简单，易于制造，适用于小批生产。

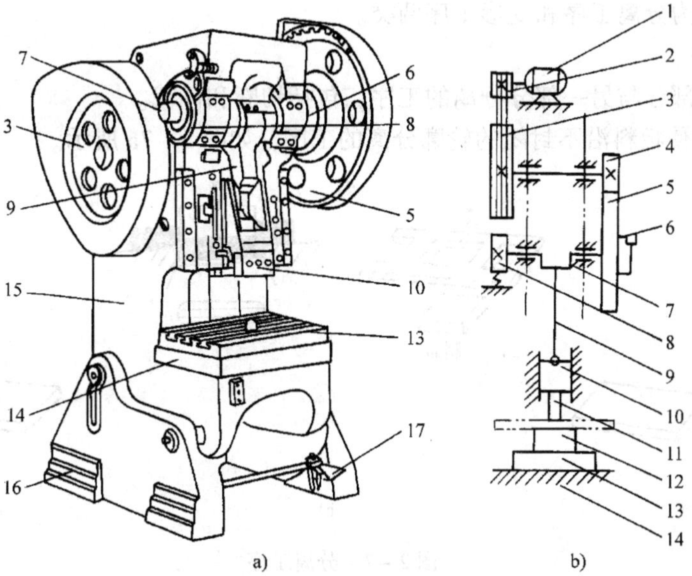

图 2-5　开式双柱压力机

a）外形图　b）传动示意图

1—电动机　2—小带轮　3—大带轮　4—小齿轮　5—大齿轮　6—离合器　7—曲轴　8—制动器　9—连杆　10—滑板　11—上模　12—下模　13—垫板　14—工作台　15—床身　16—底座　17—脚踏板

2. 连续模

在滑块的一次行程内，在模具的不同工位上同时完成多道冲压工序的模具。这种模具生产率高，易实现自动化；但要求定位精确，制造成本较高。

3. 复合模

在滑块的一次行程内，在模具的一个工位上完成两道或多道冲压工序的模具。这种模具能保证较高的零件精度、平整性和生产率；但制造复杂、成本高。

冲裁所用的模具叫做冲裁模，简单的典型冲裁模结构如图 2-6 所示，它的组成及各部分作用如下：

（1）凸模和凹模　是冲模的核心工作零件，凸模也称冲头。凸模和凹模共同作用使板料分离或变形。它们分别通过凸模固定板和凹模固定板固定在上、下模座上。

（2）导料板和定位销　导板料用来控制坯料的送进方向，定位销用来控制坯料的送进量。

（3）卸料板　它的作用是在冲压结束后，将工件或坯料从凸模上卸下。

（4）模架　包括上、下模座和导柱、导套。上模座用以固定凸模、模柄等零件，下模座用以固定凹模送料和卸料零件。导套和导柱分别固定在上、下模座上，以保证上下模对正。

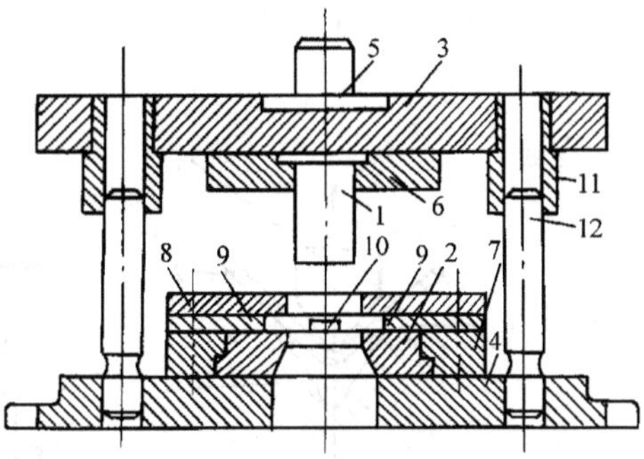

图 2—6　简单冲裁模

1—凸模　2—凹模　3—上模板　4—下模板　5—模柄　6—压板　7—压板　8—卸料板　9—导料板　10—定位销　11—导套　12—导柱

三、冲压基本工序

冲压工序分为分离工序和变形工序两类。

1. 分离工序

使坯料的一部分与另一部分分离的工序，包括切断和冲裁。

(1) 切断　使板料沿不封闭的轮廓分离的工序，如图 2 - 7a 所示。

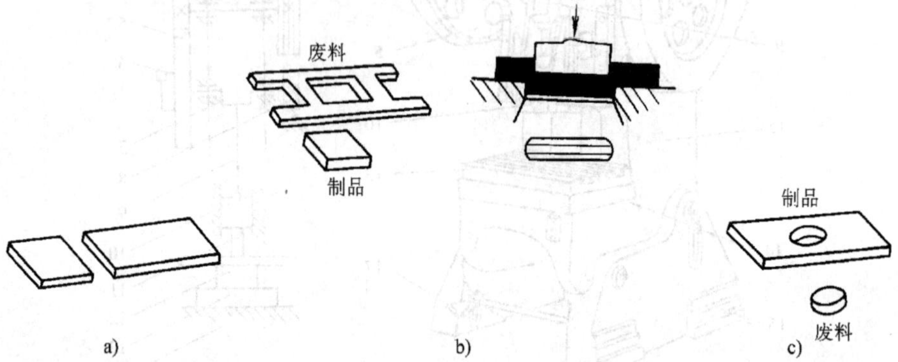

图 2 - 7　分离工序

a) 切断　b) 落料　c) 冲孔

(2) 冲裁　使板料沿封闭的轮廓线分离的工序，包括落料和冲孔。二者操作方法相同，但作用不同。落料时被冲下的部分是工件；冲孔时落下的部分是废料。如图 2 - 7b、c 所示。

2. 变形工序

使坯料发生变形的工序，包括弯曲、拉深、翻边、成形等工序。其中弯曲和拉深是最常用的变形工序。

(1) 弯曲　将板料弯成具有一定曲率和角度的变形工序，如图 2 - 8 所示。

弯曲时，板料内层金属被压缩，容易起皱；外层金属受拉深，容易断裂。因此，与冲裁模不同，弯曲模冲头端部与凹模边缘，必须加工出一定的圆角，以防止工件起皱和外表面弯裂。

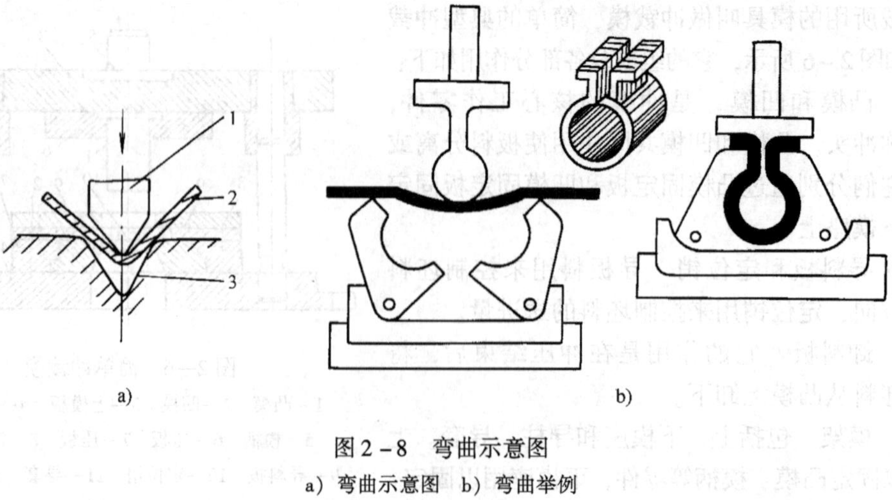

图 2 - 8　弯曲示意图

a) 弯曲示意图　b) 弯曲举例

1—凸模　2—工件　3—凹模

(2) 拉深　拉深也是变形工序，是将平板坯料在拉深模作用下，变成开口中空杯形或盒形零件的冲压工艺方法，如图 2－9 所示。

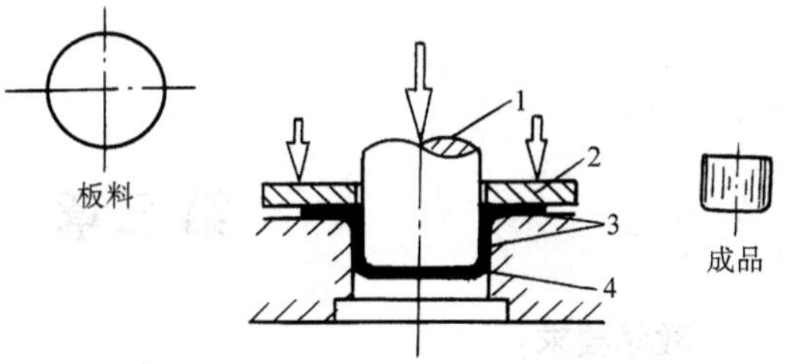

图 2－9　拉深
1—冲头　2—压板　3—工件　4—凹模

为防止工件被拉裂，冲头和凹模边缘要加工成圆角。冲头与凹模的间隙要稍大于板厚，以保证拉深时板料顺利通过。为减少摩擦阻力，拉深前应在板料或模具上涂润滑剂。深度大的拉深件，要采用多次拉深，控制每次的变形量，逐步完成。此外，为防止拉深过程中处于上缘部位的板料起皱，要使用压边圈将板料压住。

操　作　实　训

1. 熟悉冲压设备的构造和操作方法，设备空运转试冲。
2. 在冲床上安装冲模，并结合本校工厂产品进行冲压加工。

复 习 思 考 题

1. 与铸造相比，锻压在成形原理、工艺方法、特点和应用上有何不同？
2. 锻造前，金属坯料加热的作用是什么？加热温度是不是愈高愈好？为什么？
3. 什么叫锻造温度范围？常用钢材的锻造温度范围大约是多少？处于什么火色？为什么锻造的中间工序都采用尽可能扩大锻造温度范围来进行？而锻造的最后工序或变形量不大的工序都往往采用降低始锻温度、缩小锻造温度范围的方法来进行？
4. 空气锤组成及各部分的作用如何？锻锤吨位指的是什么？
5. 空气锤锤头是如何实现上悬、下压、连续打击等动作？这些动作的作用是什么？
6. 根据你在实习中的观察和操作体会，试总结镦粗、拔长和冲孔等基本工序的操作要点和必须遵守的一些规则。
7. 什么叫镦粗？锻件的镦歪、镦斜及夹层是怎么产生的？应如何防止和纠正？
8. 什么叫拔长？加大拔长的送进量是否可以加速锻件的拔长过程？为什么？
9. 冲孔前，一般为什么都要进行镦粗？一般的冲孔件（除薄壁件外）为什么都采用双面冲孔的方法？双面冲孔的操作要点有哪些？
10. 试从锻造设备、工模具、锻件精度、生产率和应用等方面对自由锻、胎模锻和模锻进行分析比较。
11. 冲孔和落料有何异同？冲头尺寸和凹模尺寸与冲孔尺寸或落料件尺寸的关系如何？
12. 弯曲时为什么要限制最小弯曲半径？为什么会发生回弹现象？拉深时可能产生的缺陷是什么？如何防止？
13. 冲模有哪几种？它们的区别是什么？冲模由哪几个部分组成？各部分的作用是什么？

第三章　焊接实训

教学要求：

1）了解常用焊接方法的特点及应用范围。

2）掌握手工电弧焊平焊、立焊的操作要领，能独立完成低碳钢平板对接平焊操作。

3）了解 CO_2 气体保护半自动焊和钨极氩弧焊的基本操作要领。

4）了解工厂常用切割方法，掌握氧—乙炔气割的基本操作要领。

5）了解常见焊接缺陷的特点及形成原因。

第一节　概　述

一、焊接的定义

焊接是指通过加热或加压，或两者并用，并且用或不用填充材料，使焊件达到原子（分子）结合，而形成永久性连接的一种加工工艺方法。

焊接与铆接都是不可拆连接，如图3－1所示。焊接与铆接相比，焊接结构具有重量轻、节省材料、接头强度高、密封性能好、生产率高、易于实现机械化和自动化等优点。因此，被广泛应用于国防、造船、桥梁、建筑、化工、机械以及宇航、海洋开发等领域。一个国家的焊接技术发展水平，是衡量这个国家科学技术先进程度的重要标志。

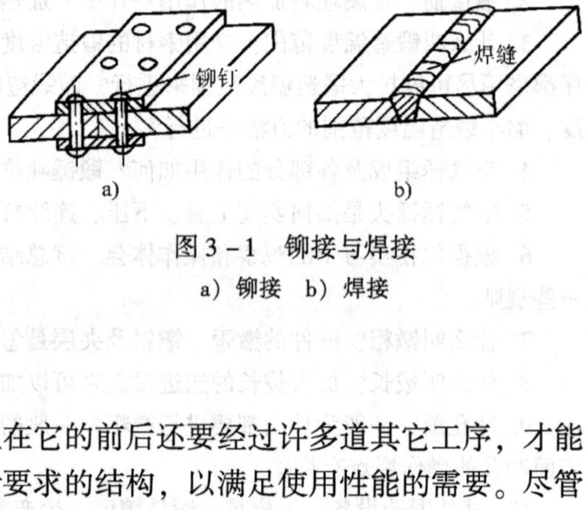

图3－1　铆接与焊接

a）铆接　b）焊接

二、焊接结构生产的工艺顺序

焊接是金属结构生产中的一个重要工序，但在它的前后还要经过许多道其它工序，才能把钢铁厂生产的各种类型钢材，制造成符合设计要求的结构，以满足使用性能的需要。尽管焊接结构式样繁多，但其生产工艺顺序大致如图3－2所示。

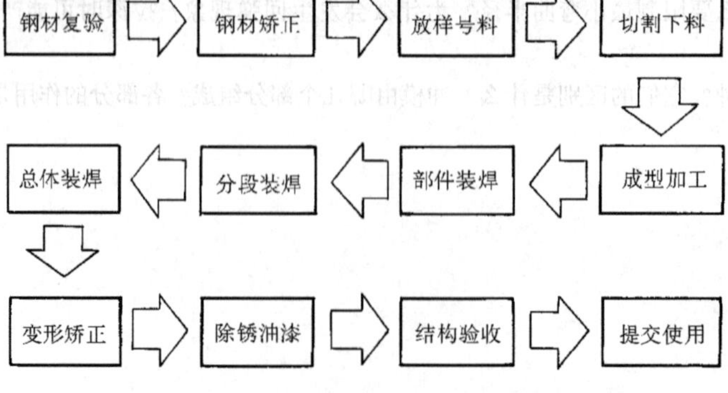

图3－2　焊接结构生产工艺顺序方框图

三、焊接方法简介

1. 焊条电弧焊（简称手弧焊）

焊条电弧焊是目前应用十分广泛的一种焊接方法，其焊接过程如图 3－3 所示。焊条与焊件分别接至弧焊电源的两个输出端上，用手工操纵焊条使其与工件瞬时接触（短路），然后迅速提起 2～4mm，就会在焊条与焊件间便会产生电弧，在电弧热的作用下，焊条与焊件接触部分被熔化，并形成熔池。随着电弧的移动，熔池前方焊条与焊件继续熔化，后方熔池液态金属逐渐冷却形成焊缝。

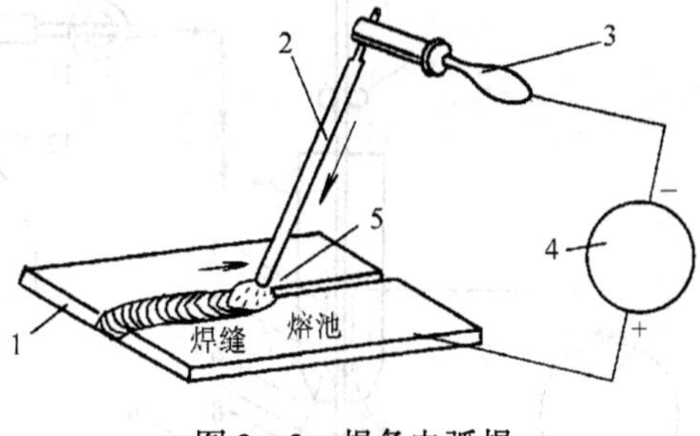

图 3－3　焊条电弧焊

1—工件　2—焊条　3—焊钳

4—弧焊电源　5—电弧

焊条电弧焊所需设备简单，使用灵活、方便，且容易维护，能在各种位置上施焊；尤其适用于结构形状复杂、焊缝短小、弯曲或各种空间位置焊缝的焊接。因此，焊条电弧焊目前仍然是应用最为广泛的焊接方法。

2. 埋弧焊

埋弧焊又称焊剂层下电弧焊，即电弧在焊剂层下燃烧进行焊接的方法。埋弧焊可分为自动焊和半自动焊两种，生产中应用最多的是埋弧自动焊。

埋弧自动焊的焊接过程如图 3－4 所示。焊接时电源的两极分别接在导电嘴和焊件上，焊丝通过导电嘴与焊件接触，在焊丝周围撒上颗粒状焊剂，然后起动电源，则电流经过导电嘴、焊丝与焊件构成焊接回路，在焊丝与焊件间引燃电弧，电弧热使周围的焊剂熔化形成熔渣，连续送入电弧的焊丝在电弧高温作用下加热熔化，与熔化的母材混合形成金属熔池。熔渣浮在熔池表面，对熔池起保护作用。随着电弧的移动，熔池冷却凝固形成焊缝，熔渣冷却后成为渣壳。

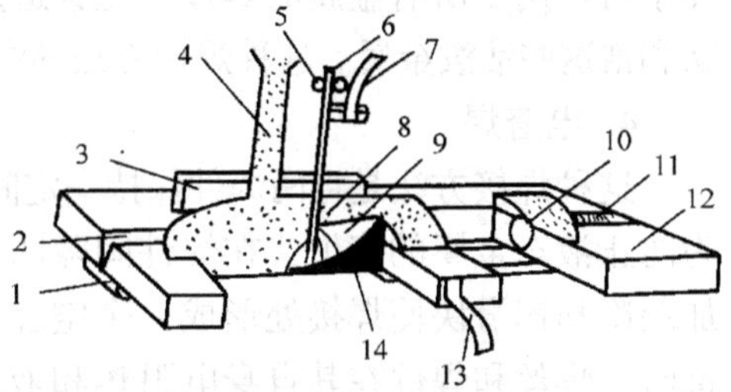

图 3－4　埋弧自动焊的焊接过程

1—焊接衬垫　2—V 形坡口　3—焊剂挡板

4—给送焊剂管　5—送丝滚轮　6—焊丝

7—接导电嘴电缆　8—焊剂　9—熔渣　10—渣壳

11—焊缝　12—焊件　13—接焊接电缆　14—熔池

与焊条电弧焊相比，埋弧焊可以采用较大的电流，生产效率高，焊缝质量好，特别适合于大型工件直缝和环缝的焊接，劳动条件好。

3. 气体保护焊

气体保护焊简称气保焊。它是将氩气、氦气、二氧化碳气及混合气体作为保护气体，直接从喷嘴中流出，在电弧周围形成保护层，使熔池金属与空气机械隔离，防止有害气体的影响，从而获得高质量焊缝的一种方法。气体保护焊分熔化极和非熔化极两种，目前常用的有二氧化碳气体保护焊（简称 CO_2 焊）和钨极氩弧焊。

（1）CO_2 气体保护焊　是用连续送进的焊丝作电极、CO_2 作保护气体的熔化极电弧焊方法，如图 3－5 所示。

CO_2 气体保护焊具有生产效率高、成本低、焊缝质量好、易于实现全位置焊接等优点，广泛应用于低碳钢和低合金钢等黑色金属的焊接。

（2）钨极氩弧焊　是以高熔点的纯钨或钨合金作电极，用氩气作保护气的一种非熔化极电弧焊方法，如图 3-6 所示。

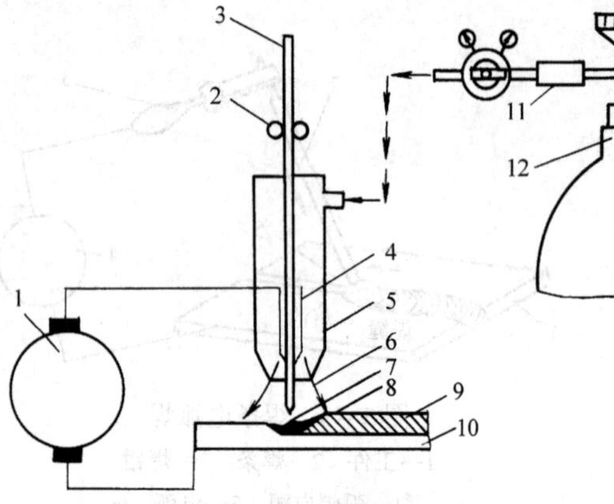

图 3-5　CO_2 气体保护焊过程示意图

1—焊接电源　2—送丝滚轮　3—焊丝　4—导电嘴　5—喷嘴　6—CO_2 气体　7—电弧　8—熔池　9—焊缝　10—焊件　11—预热干燥器　12—CO_2 气瓶

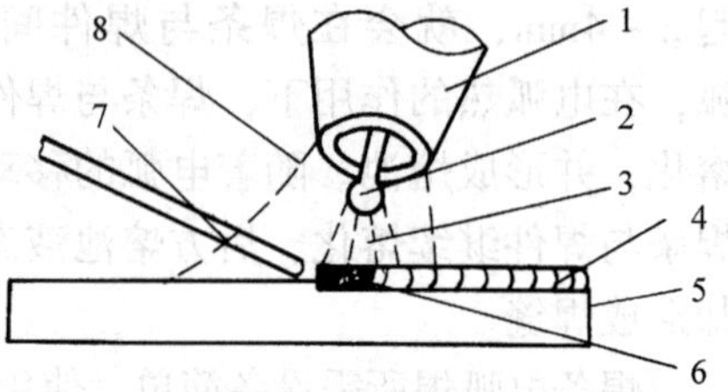

图 3-6　钨极氩弧焊示意图

1—喷嘴　2—钨极　3—电弧　4—焊缝　5—焊件　6—熔池　7—填充金属　8—氩气

钨极氩弧焊能很好地控制热量输入，是焊接薄板和打底焊的一种极好方法。钨极氩弧焊几乎可以用于所有金属的焊接，尤其适用于焊接铝、镁这些能形成难熔氧化膜的金属以及像钛和锆这些活泼金属。这种焊接方法的焊接质量高，但与其它电弧焊相比，其焊接速度较慢。

4. 电渣焊

这种焊接方法是将两焊件保持一定间隙，为防止液态金属的流失，在焊件间隙的两侧加装冷却铜滑块使焊接处形成一个空腔。焊接时，焊丝和焊件在其自身电阻热和液态熔渣电阻热的作用下被加热熔化，而形成熔池。随着焊丝的不断熔化，熔池液面与渣池表面不断升高，而下面的液态金属逐渐冷却，凝固成焊缝，其过程如图 3-7 所示。

电渣焊的优点是可一次焊成很厚（从 30mm 到大于 1000mm）的焊件，生产率高。主要用于大断面对接接头及 T 形接头的焊接。

电渣焊可用于各种钢结构的焊接，也可用于铸钢件的组焊。电渣焊接头由于加热及冷却均较慢，热影响区宽、显微组织粗大、韧性低。因此，焊接以后一般须进行正火处理。

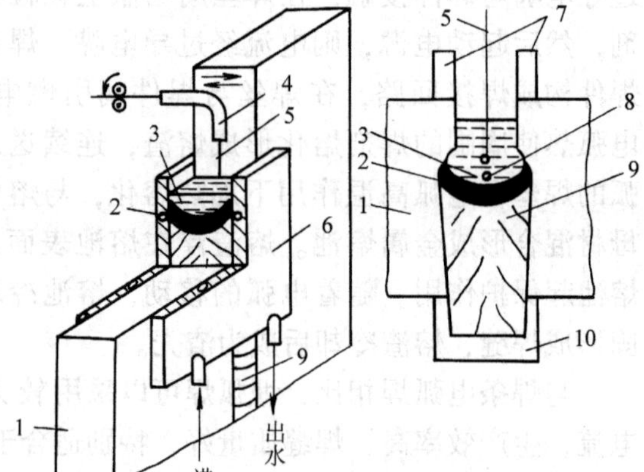

图 3-7　电渣焊过程示意图

1—焊件　2—金属熔池　3—渣池　4—导电嘴　5—焊丝　6—强迫成形装置　7—引出板　8—金属熔滴　9—焊缝　10—引弧槽

5. 电阻焊

电阻焊是利用电流通过焊件接头的接触面及邻近区域时产生的电阻热，将被焊金属材料加热到局部熔化或高温塑性状态，在外力作用下形成牢固接头的焊接方法。按其接头形式可分对焊、点焊、缝焊三种，如图 3-8 所示。

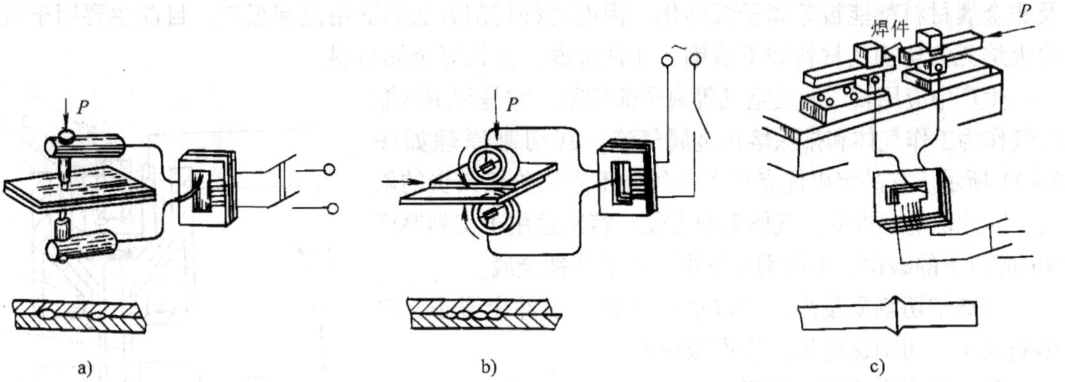

图 3－8　电阻焊过程示意图

a）点焊　b）缝焊　c）对焊

电阻焊具有辅助工序少、无需填加焊接材料的特点，尤其容易实现生产机械化、自动化，目前已在航天、航空领域、汽车工业、家用电器的生产中得到广泛应用。

6. 气焊

气焊是以气体火焰为热源的一种焊接方法，如图 3－9 所示。应用最多的是用乙炔气体作燃料的氧乙炔火焰。其设备简单、操作方便。但气焊加热速度及生产率较低，热影响区较大，焊件容易引起较大的变形。

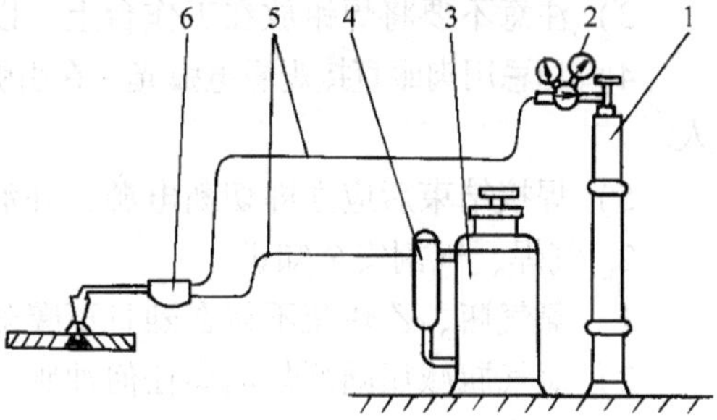

图 3－9　气焊、气割示意图

1—氧气瓶　2—氧气减压器（氧气表）

3—乙炔发生器（或乙炔瓶和乙炔减压器）

4—回火保险器　5—橡胶管　6—焊炬（割炬）

生产中常用气焊来焊接较薄的碳钢、合金钢及有色金属等材料及进行铸铁件的焊补。

7. 切割

（1）氧乙炔气割　氧乙炔气割是利用氧乙炔气体火焰的热量，将割件待切割处预热到一定温度后，喷出高速切割氧流，使其燃烧以实现金属切割的方法，气割过程如图 3－10 所示。

$w_C < 0.4\%$ 的碳钢和 $w_C < 0.25\%$ 的低合金钢，由于它们的燃点低于熔点，而且形成的氧化物的熔点也低于基体熔点，所以都能顺利地进行气割。燃点高于熔点的铸铁、燃点与熔点相近的高碳钢以及氧化物熔点高的不锈钢、铜及其合金、铝及其合金等，都不易气割。

按设备和操作方法不同，气割可分为手工气割和自动气割。手工气割由于灵活性强，设备简单而得到广泛应用。

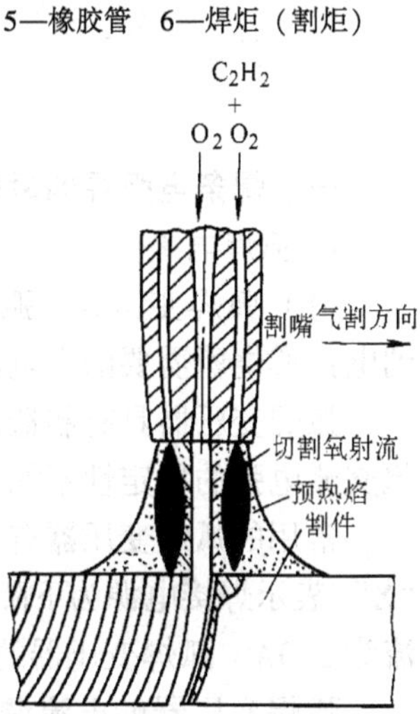

图 3－10　气割过程示意图

（2）等离子弧切割　等离子弧切割是利用高温高冲力的等离子弧（被压缩强化了的钨极氩弧）为热源，将被切割金属局部熔化，并立即吹掉，从而形成狭窄切口的切割方法。

等离子弧的温度很高（可达 50000K），因此，其切割过程不是依靠氧化反应，而是靠熔化来切割材料的。几乎所有金属及非金属材料都能被等离子弧熔化，因而这种切割方法的适用范围很广。目前主要用于氧乙炔火焰无法切割的材料如不锈钢、非铁金属、铸铁等金属材料。

生产中应用较广的是空气等离子弧切割。它是利用压缩空气作为工作气体和排除熔化金属气流，其切割原理如图3-11所示。它的突出优点是工作气体不采用价格昂贵的氩气，因此切割成本低，气体来源方便。特别适用于切割厚度30mm以下的碳钢、不锈钢以及铜、铝等非铁金属。

等离子切割质量高，切口窄而平整，工件变形小，热影响区小，切割速度快，生产效率高。

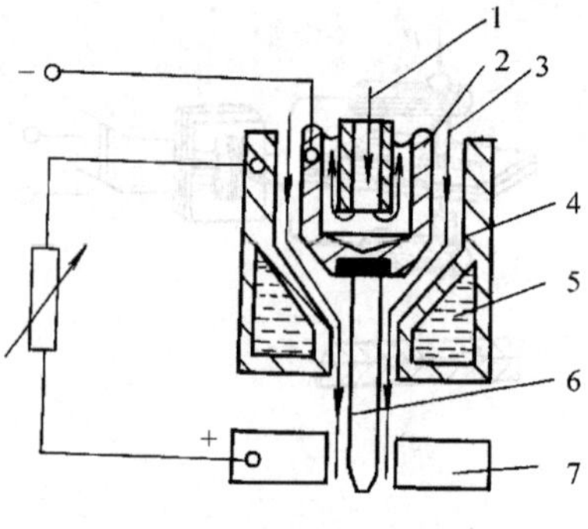

图3-11 空气等离子弧切割原理示意图

1—电极冷却水 2—电极 3—压缩空气 4—镶嵌式压缩喷嘴 5—压缩喷嘴冷却水 6—电弧 7—割件

四、焊接生产安全知识

1. 焊条电弧焊安全知识

1）实训时应穿戴好防护用品，并检查面罩和护目镜是否符合要求。

2）焊接前应检查焊机外壳是否已经保护接地；电缆、焊钳是否绝缘良好。

3）注意不要将焊钳放在工作台上，以防止发生触电和短路烧毁焊机。

4）切忌用肉眼直接观看电弧光，在引弧前应注意观察好周围情况，以免弧光伤害自己和他人。

5）焊接结束后应立即切断电源，并消除现场可能存在的残余火种后方可离开。

2. 气焊、气割安全知识

1）氧气瓶、乙炔瓶不得在烈日下曝晒，距两瓶5m以内严禁有明火。

2）氧气瓶减压阀严禁沾染任何油脂。

3）操作时一定要戴好防护眼镜。

4）不要用手去触摸刚刚焊、割好的工件。

5）焊、割结束，应按规定关闭各种开关。

第二节 焊条电弧焊

一、焊条电弧焊的设备及用具

1. 弧焊电源

（1）弧焊变压器 弧焊变压器是一种特殊的变压器，它是通过增大主回路电感量，得到电弧燃烧所需要的大电流、低电压的下降特性。

弧焊变压器具有制造简单、维护方便、性能可靠、价格低等优点，在生产中应用很广，但交流电弧的稳定性不如直流电弧。

常用的弧焊变压器有BX1-330型动铁式弧焊变压器，型号中的“B”表示焊接变压器，“X”表示焊接电源为下降外特性，“1”表示该系列产品中的序号，“330”表示额定焊接电流为330A，弧焊变压器的外部接线如图3-12所示。

弧焊变压器的电流调节分粗调和细调两种。粗调电流分两个调节级如图3-13所示。当连接片接Ⅰ级位置时，电流较小，为50~180A；当连接片接Ⅱ级位置时，电流较大，为

160～450A。

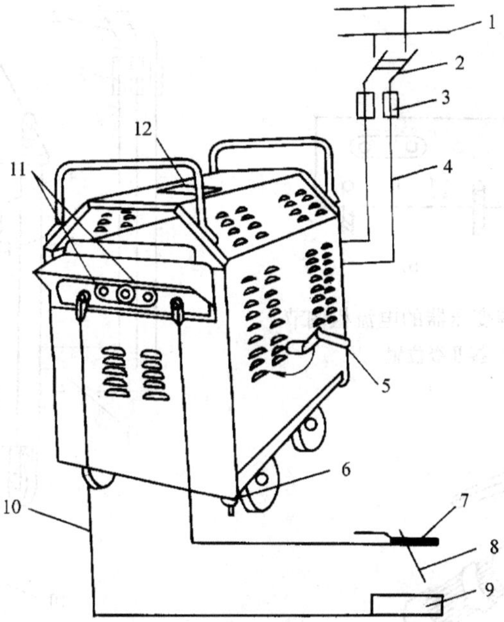

图 3－12　BX1－330 型弧焊变压器的外部接线

1—外电源　2—电闸　3—熔体　4—电源电缆线　5—调节手柄　6—地线接头
7—焊钳　8—焊条　9—焊件　10—焊接电缆线　11—粗调电流接线板　12—电流指示表

电流的细调是靠转动在焊机侧面的调节手柄。反时针转动时活动铁心外移，电流增大；顺时针转动时，活动铁心内移，则电流减小。

（2）弧焊整流器　ZXG－300 型弧焊整流器是常用的直流弧焊电源，型号中的“Z”表示弧焊整流器，“X”表示焊接电源为下降外特性，“G”表示采用硅整流元件，弧焊整流器的外部接线如图 3－14 所示。

这种焊机的电流调节比较方便，在焊机面板上装有电流表，先启动电源开关，然后转动电流调节器，将电流调到所需数值即可。

2. 焊钳

焊钳的作用是夹持焊条和传导电流。对焊钳的要求是导电性好、接头牢固、不易发热、重量轻、操作方便等。

焊钳有 300A、500A 两种规格，可用于 2～5mm 直径的焊条。焊钳结构如图 3－15 所示。

3. 焊接电缆

焊接电缆应有足够的导电截面，绝缘性能良好，同时要满足柔软、易弯、便于操作等要求，一般采用多股紫铜线外加橡皮套；电缆的长度应选择适当，工作时电缆切勿与刚焊完的焊件和红热的焊条头接触，以防烧坏电缆绝缘层。

4. 面罩

面罩是为了防止焊接时弧光及飞溅物损伤焊工面部和颈部的保护用具，有手提式和头盔式两种。

5. 其它辅助工具

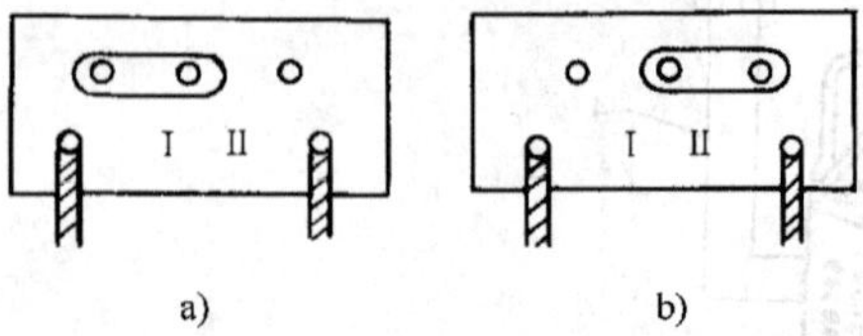

图 3-13 BX1-330 型弧焊变压器的电流粗调节
a）接Ⅰ级位置 b）接Ⅱ级位置

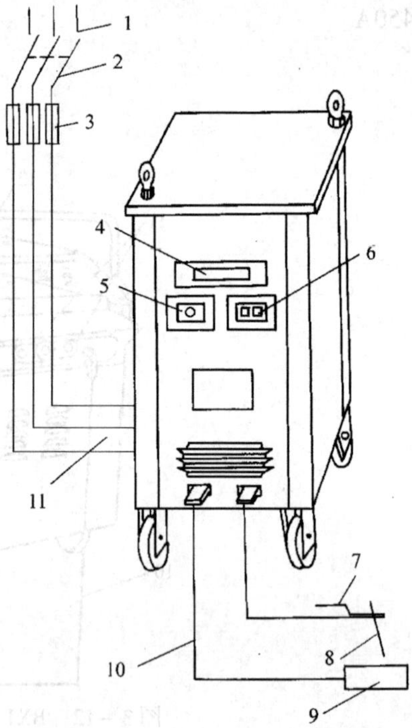

图 3-14 ZXG-300 型弧焊整流器的外部接线
1—外电源 2—电闸 3—熔体 4—电流指示表 5—电流调节器 6—电源开关 7—焊钳 8—焊条 9—焊件 10—焊接电缆线 11—电源电缆线

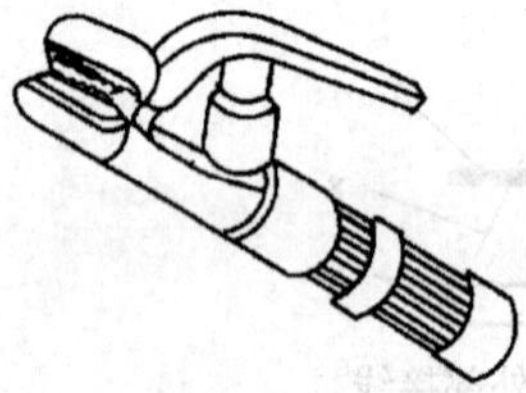

图 3-15 焊钳的结构

主要有敲渣榔头、钢丝刷、手持电动砂轮及焊条保温筒等。

6. 材料

（1）钢板 低碳钢板，厚 8~12mm，长 150~200mm，宽 60~100mm。

（2）钢管 20 钢，直径 60mm~150mm，壁厚 5mm，长度 50~100mm。

（3）焊条 E4303，直径 3.2mm 或 4mm。

二、主要焊接工艺参数的选择

1. 电源种类和极性的选择

实习所用 E4303 焊条属于酸性焊条，通常优先采用交流电源，也可采用直流。对于中等厚度钢板，若采用直流电源焊接时，一般采用正接法（即焊件接电源的正极，焊条接电源的负极）。对于交流电源，由于极性是交替变化的，所以不存在正接反接的问题。

2. 焊条直径的选择

焊条直径主要由焊件厚度决定。一般情况下，焊条直径与焊件厚度之间的关系可参考表 3-1。

表 3-1 焊条直径的选择 （mm）

焊件厚度	≤1.5	2	3	4~5	6~12	>13
焊条直径	1.6	2	3.2	3.2~4	4~5	5~6

3. 焊接电流的选择

焊接电流主要由焊条直径决定，可用下列公式估算焊接电流：

$$I = kd$$

式中　I——焊接电流（A）；

d——焊条直径（mm）；

k——经验系数，见表3－2。

表3－2　焊条直径与经验系数的关系

焊条直径 d/mm	1～2	2～4	4～6
经验系数 k	25～30	30～40	40～60

根据上式计算出的焊接电流只是一个参考数值，在实际生产中还应考虑其它因素加以修正，也可以从以下几个方面来判断焊接电流是否选择合适：

（1）飞溅　电流过大时，电弧吹力大，可看到较大颗粒的铁水向熔池外飞溅，焊接时爆裂声大；电流过小时，熔渣和铁水不易分离。

（2）焊缝成形　电流过大时，熔深大，焊缝低、两边易产生咬边；电流过小时，焊缝窄而高，且两侧与母材熔合不好；电流适中时，焊缝两侧与母材熔合良好。

（3）焊条熔化情况　电流过大时，当焊条烧了大半根时，其余部分均已发红；电流过小时，电弧燃烧不稳定，焊条容易粘在焊件上。

三、基本操作过程

1. 引弧

引弧的方法有划擦法和直击法两种。

（1）划擦法　动作似划火柴，先将焊条末端对准焊缝，使焊条在焊件表面轻微划擦（划擦长度20mm左右，并应落在焊缝范围内），然后将焊条提起2～4mm即产生电弧。引弧后，使电弧长度不超过焊条直径，如图3－16所示。

（2）直击法　先将焊条末端对准焊缝，然后使焊条末端与焊件垂直地接触，形成短路，随即将焊条提起2～4mm即产生电弧。引弧后，使弧长也保持在与所用焊条直径相适应的范围内，如图3－17所示。

直击法引弧时，容易发生电弧熄灭或焊条粘住焊件等现象。这是因为没有掌握好焊条离开焊件的速度和距离，如果动作较快，焊条提得太高，就不能引燃电弧或电弧只燃烧一瞬间就熄灭。如果动作太慢，焊条提得太低，就可能使焊条与焊件粘在一起，当焊条粘住焊件时，只要将焊条左右摆动几下，就可以脱离焊件。这时如果焊条还不能脱离焊件，就应该立即使焊钳脱离焊条，待焊条冷却后，用手将焊条扳下。

焊条电弧焊时，由于焊条药皮的熔化滞后于焊芯的熔化，在焊条端头形成套筒（如图3－18所示），使得焊条再引燃困难，这时可将焊条头部在地上敲击，去掉套筒药皮即可。

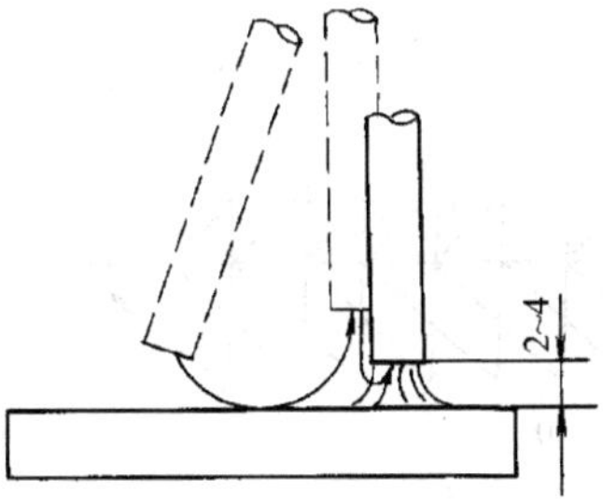

图3－16　划擦法

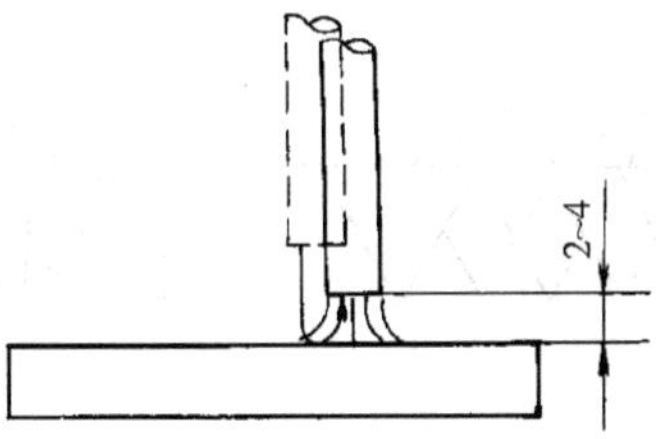

图3－17　直击法

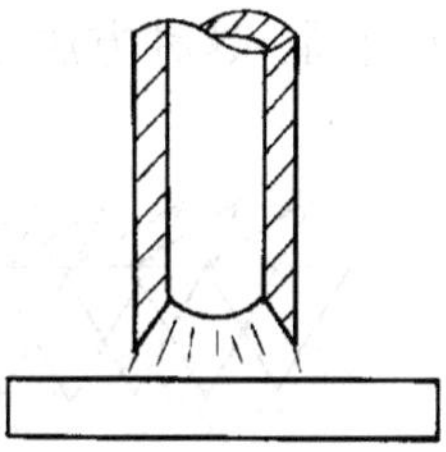

图3－18　焊接时焊条末端的套筒

2. 运条方法

当电弧引燃后，焊条有三个基本运动方向，即沿焊条中心向熔池方向逐渐送进、沿着焊接方向逐渐移动和沿焊缝横向摆动，如图3-19所示。

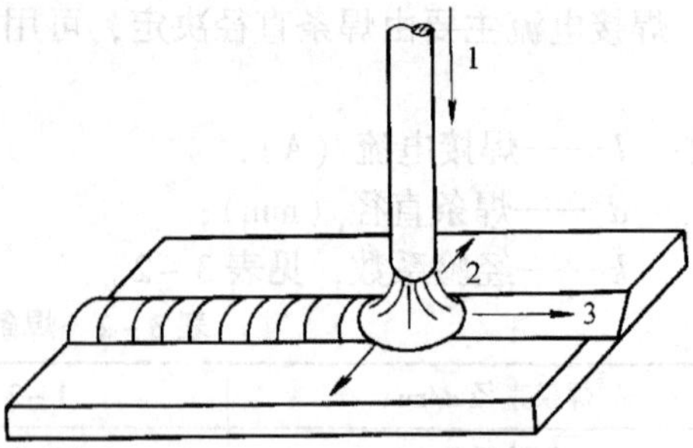

图3-19 焊条的三个基本运动方向
1—焊条送进 2—焊条横向摆动 3—沿焊缝移动

常用运条方法及适用范围：

（1）直线形运条法 焊接时焊条不作横向摆动，沿焊接方向直线前进。常用于不开坡口的对接平焊，多层焊的第一层焊缝和多层多道焊，如图3-20所示。

图3-20 直线形运条法

（2）直线往复形运条法 焊接时焊条末端沿焊缝的纵向作来回直线形摆动。它的特点是焊接速度快，焊缝窄，散热也快，所以适用于薄板焊缝和接头间隙较大的多层焊的第一层焊道，如图3-21所示。

（3）锯齿形运条法 焊接时焊条末端作锯齿形连续摆动而向前移动，并在两边稍作停留，如图3-22所示。摆动的目的主要是为了控制熔化金属的流动和得到必要的焊缝宽度，以获得较好的焊缝成形。由于这种方法容易操作，所以在实际生产中应用较广，多用于较厚钢板的平焊、立焊、仰焊的对接接头和立焊的角接接头。

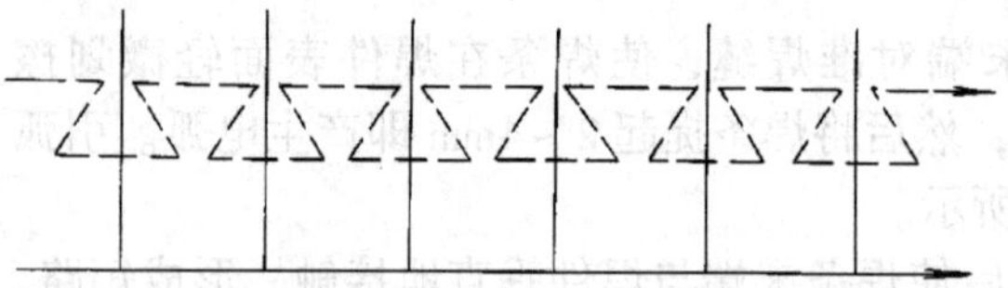

图3-21 直线往复形运条法

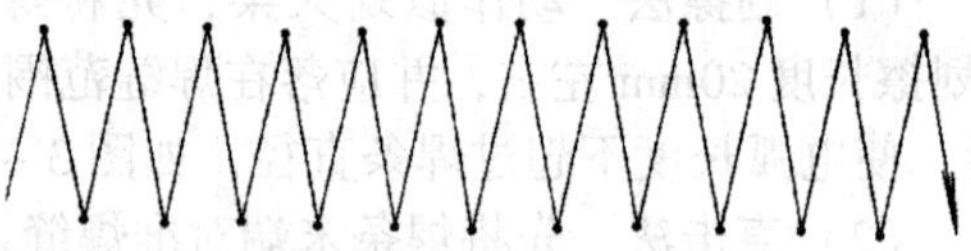

图3-22 锯齿形运条法

（4）月牙形运条法 焊接时焊条末端沿着焊接方向作月牙形的左右摆动，如图3-23所示。其优点是焊件边缘熔化良好，保温时间较长，熔池中的气体和熔渣都容易排出，所以焊缝质量较好。

图3-23 月牙形运条法

月牙形运条法的适用范围和锯齿形运条法基本相同，不过这种运条法的焊缝余高较高。

（5）三角形运条法 焊接时焊条末端作连续的三角形运动，并不断地向前移动。根据适用范围，这种方法可分为两种形式，如图3-24所示。

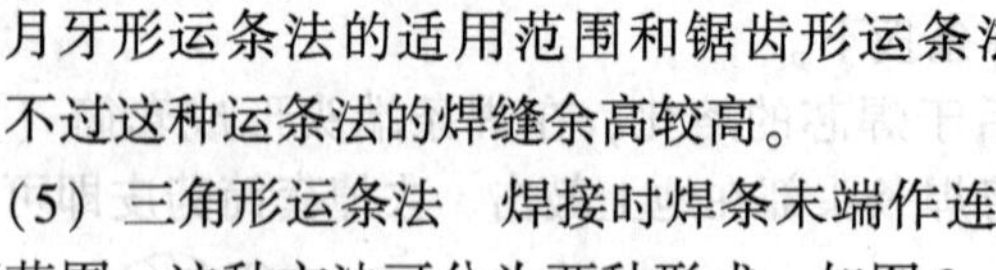

a)

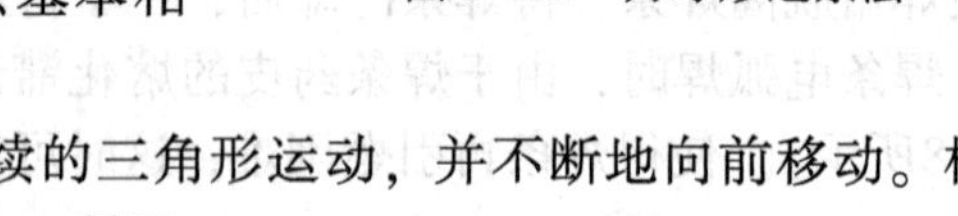

b)

图3-24 三角形运条法
a）斜三角形 b）正三角形

图 3－24a 中的斜三角形运条法适用于焊接 T 字形接头的仰焊缝和有坡口的横焊缝。它的优点是能够借焊条的摆动来控制熔化金属，促使焊缝成形良好。

图 3－24b 中的正三角形运条法，只适用于开坡口的对接接头和 T 字接头的立焊，它的特点是一次能焊出较厚的焊缝断面，焊缝不易产生夹渣等缺陷，有利于提高生产效率。

（6）圆圈形运条法　焊接时焊条末端作连续圆圈形运动，并不断前移，如图 3－25 所示。

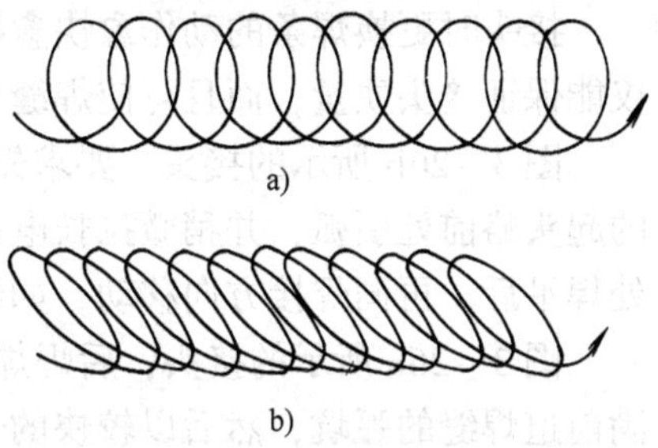

图 3－25　圆圈形运条法
a）正圆圈形　b）斜圆圈形

图 3－25a 中的正圆圈形运条法，只适用于焊接较厚工件的平焊缝。它的优点是能使熔化金属有足够高的温度，促使溶解在熔池中的氢、氧等气体有机会析出，同时便于熔渣上浮。

图 3－25b 中的斜圆圈形运条法，适用于平、仰位置的 T 字接头焊缝和对接接头的横焊缝。它的特点是有利于控制熔化金属的下淌现象，有助于焊缝成形。

以上介绍的几种运条法是几种最基本的方法，在实际生产中焊接同一接头型式的焊缝，可根据自己的习惯及经验，采用不同的运条法。

3. 收尾

在焊缝收尾时，如果立即拉断电弧，则会形成低于正常焊缝的弧坑。弧坑不仅使焊缝截面减小，而且还会因应力集中而产生裂纹。因此，为防止形成弧坑，在焊缝收尾时应注意填满弧坑后再断弧。具体收尾方法有以下几种：

（1）划圈收尾法　焊条在收尾处作圆圈运动，直到填满弧坑时再熄灭电弧。这种方法适用于厚板焊缝收尾。

（2）反复断弧收尾法　在焊缝收尾处反复熄弧，引弧数次，直至填满弧坑。这种方法适用于薄板焊接，但碱性焊条不宜采用，因为容易产生气孔。

（3）回焊收尾法　焊条在收尾处立即停住，同时改变焊条角度回焊一小段，直至填满弧坑，然后慢慢拉断电弧，此法适用于碱性焊条。

4. 焊缝的起头与接头

焊缝的起头是指刚开始焊接的那部分焊缝。由于焊件在未焊之前温度较低，而引弧后又不能迅速使这部分金属温度升高，所以起焊处熔深较浅，为保证此处焊缝有一定的余高，一般在引弧后稍拉长电弧使焊件预热，然后再缩短电弧进行正常焊接。

接头是指更换焊条时焊缝前后的连接处。为保证此处焊缝接头宽窄、高低一致，常采用的方式如图 3－26 所示。

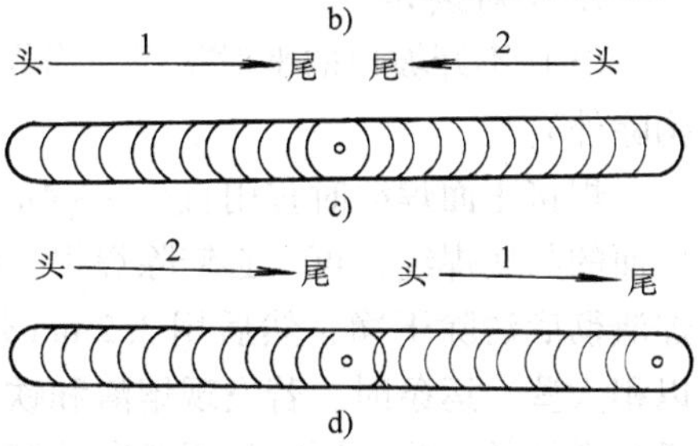

图 3－26　焊缝接头的四种情况
1—先焊焊缝　2—后焊焊缝

图 3－26a 所示的接头是应用最广泛的一种，接头方法是在弧坑稍前（约 10mm）处引弧，电弧可比正常焊接时略微长些（低氢型焊条电弧不能长，

否则易产生气孔)，然后将电弧后移到原弧坑的2/3处，填满弧坑后即向前进入正常焊接，如图3－27所示。采用这种连接法必须注意后移量，如果电弧后移太多，则可能造成接头过高，后移太少将造成接头脱节，产生弧坑未填满的缺陷。此种接头适用于单层焊及多层焊的表层接头。

接头时更换焊条的动作愈快愈好，因为在熔池尚未冷却时进行接头（称为热接法），不仅能保证接头质量，而且可使焊缝外表成形美观。

图3－26b所示的接头，要求先焊焊缝的起头处要略为低些，这样接头时，在先焊焊缝的起头略前处引弧，并稍微拉长电弧，将电弧引向起头处，并覆盖前焊缝的端头处，待起头处焊平后，再向焊接方向移动，如图3－28所示。

图3－26c所示的接头，后焊焊缝焊到先焊焊缝的收尾处时，焊接速度应略慢些，以填满前道焊缝的弧坑，然后以较快的焊接速度再略向前焊一小段熄弧，如图3－29所示。

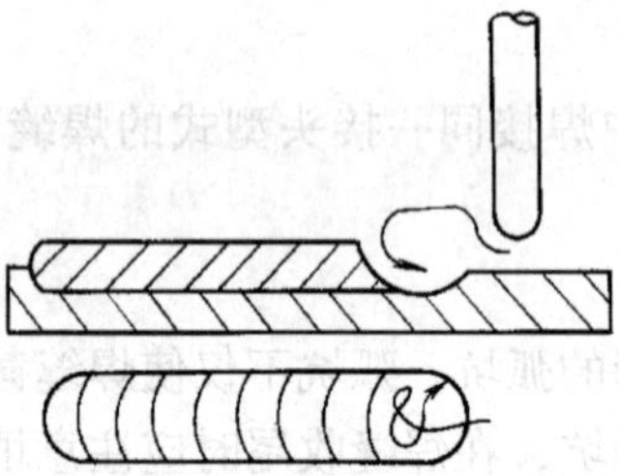

图3－27　从先焊焊道末尾处接头的方法

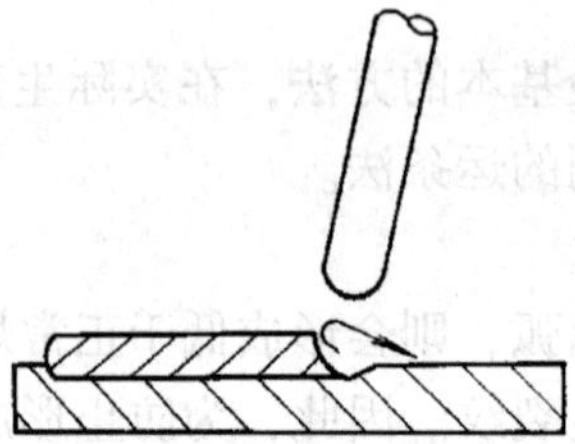

图3－28　从先焊焊道端头处接头的方法

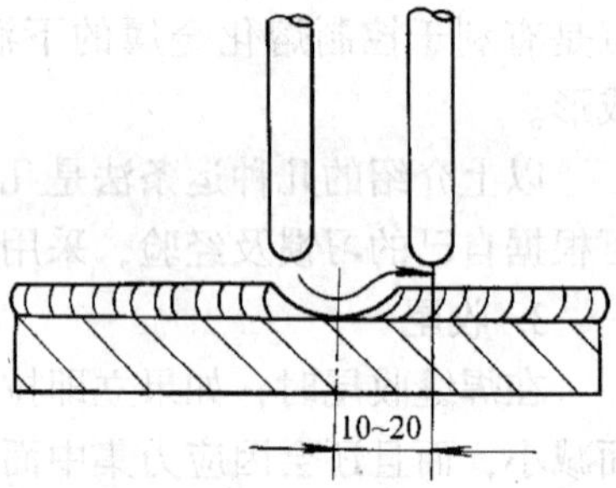

图3－29　焊缝接头处的熄弧方法

图3－26d所示的接头方法与图3－26c情况基本相同，只是焊缝的起头处与图3－26b情况一样，应略为低些。

四、平焊

平焊时，由于焊缝处在水平位置，熔滴主要靠自重自然过渡，所以操作比较容易，允许用较大直径的焊条和较大的电流，生产率高，如果参数选择或操作不当，容易在根部形成未焊透或焊瘤。运条及焊条角度不正确时，易出现熔渣与铁水混在一起分不清的现象，或熔渣超前形成夹渣。

1. 平对接焊

（1）不开坡口的平对接焊　当焊件厚度小于6mm时，一般采用不开坡口对接（重要结构除外）。

焊接正面焊缝时宜用直径3～4mm的焊条，采用短弧焊接。对不重要的焊件，在焊接件反面的封底焊缝，可不必铲除焊根，但应将正面焊缝下面的焊渣彻底清除干净，然后用3.2mm焊条进行焊接，电流可以稍大些。运条时，若发现熔渣和铁水混合不清，即可把电弧稍微拉长一些，同时将焊条向前倾斜，并做往熔池后面推送熔渣的动作，随着这个动作，熔渣就被推送到了熔池后面，如图3－30所示。

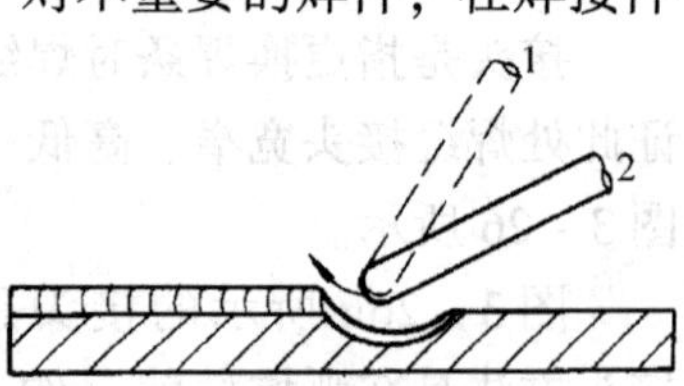

图3－30　推送熔渣的方法

当选用直流弧焊电源时，要消除磁偏吹对焊接质量的影响。所谓磁偏吹是指电弧焊时，因为焊接回路所产生的电磁力作用而产生的电弧偏吹，如图 3－31 所示。产生磁偏吹的原因之一是由于接地线（即连接焊件的电缆线）的位置不正确。因此，只要改变接地线的部位（按如图 3－32 所示虚线位置连接），使电弧周围的磁力线分布均匀，就能克服磁偏吹。此外，在操作时，适当调整焊条角度，使焊条向偏吹一侧倾斜或采用短弧焊接，都是减少电弧偏吹的行之有效的方法。

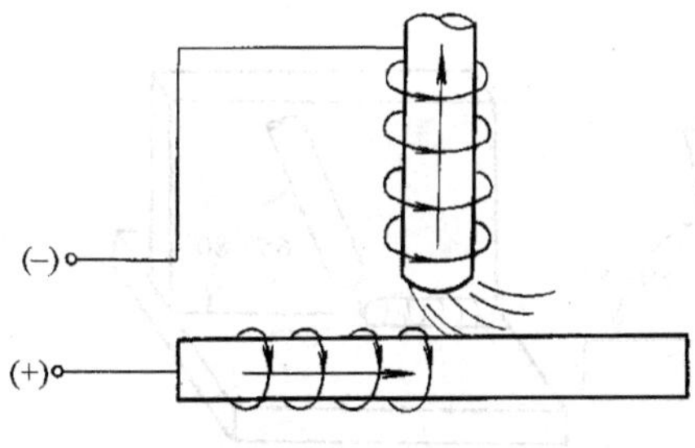

图 3－31　焊接电弧的磁偏吹

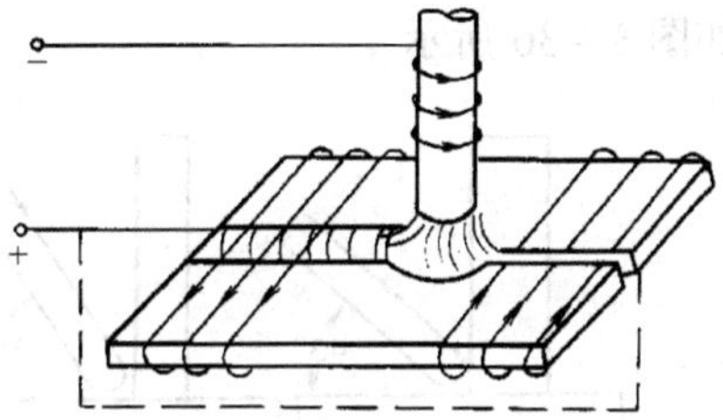

图 3－32　改变焊件接地线位置克服磁偏吹

（2）开坡口的平对接焊　当焊件厚度等于或大于 6mm 时，均开坡口，坡口形式为 V 形或双 Y 形，可采用多层焊，如图 3－33 所示。

多层焊时，打底焊（正面第一层焊道）是控制焊缝质量的关键，一般用直径 3.2～4mm 的焊条，运条方法应以间隙大小而定，当间隙小时可用直线形，间隙较大则采用往复直线形，以免烧穿。

在焊第二层时，先将第一层熔渣清除干净，随后用直径较大的焊条和较大的焊接电流进行焊接。用直线形、幅度较小的月牙形或锯齿形运条法，并应采用短弧焊接。以后各层焊接，均可采用月牙形或锯齿形运条法，不过其摆动幅度应随焊接层数的增加而逐渐加宽。焊条摆动时，必须在坡口两边稍作停留，否则容易产生边缘熔合不良及夹渣等缺陷。为了保证质量和防止变形，应使层与层之间的焊接方向相反，焊缝接头也应相互错开。

多层多道焊的焊接方法基本上与多层焊相似，所不同的是一道焊缝不能达到所要求的宽度，而必须由数条窄焊道并列组成，以达到较大的焊缝宽度，如图 3－34 所示。焊接时宜采用直线形运条法，操作易掌握。

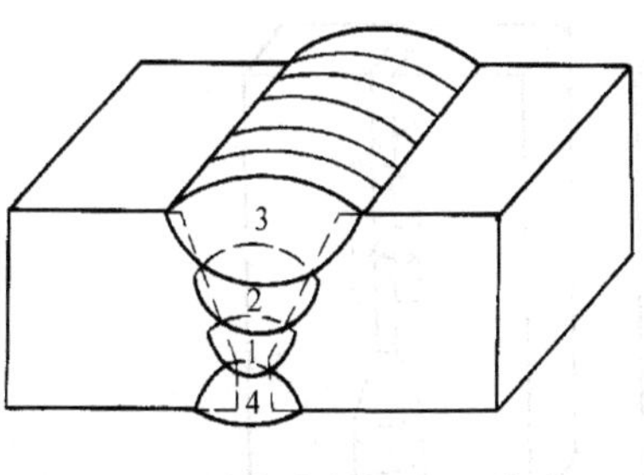

图 3－33　对接多层焊（V 形坡口）

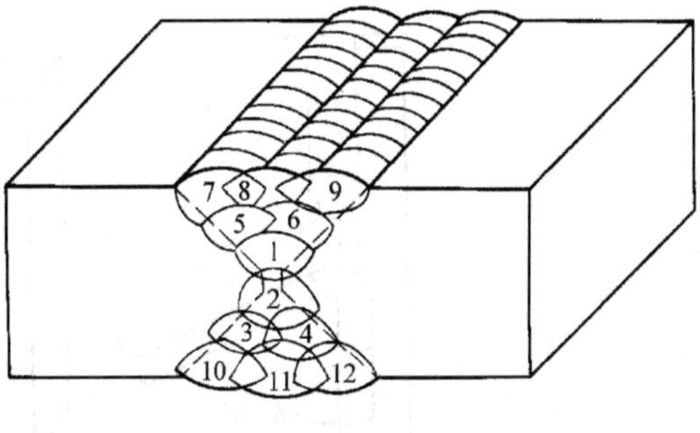

图 3－34　对接多层多道焊

2. 平角焊

平角焊主要是指 T 形接头平焊和搭接接头平焊，搭接接头平焊与 T 形接头平焊的操作方法类似，所以这里不作单独介绍。

T形接头平焊在操作时易产生咬边、未焊透、焊脚下偏、夹渣等缺陷，如图3－35所示。

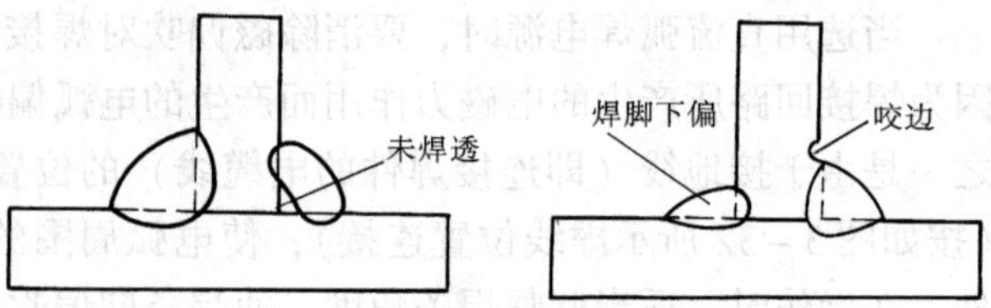

图3－35　T形接头焊缝容易产生的缺陷

为了防止上述缺陷，操作时除了正确选择焊接规范外，还必须根据两板的厚薄来调节焊条的角度。如果焊接两块厚度不同的板件时，电弧就要偏向于厚板的一侧，使两板的温度均匀，常用焊条角度如图3－36所示。

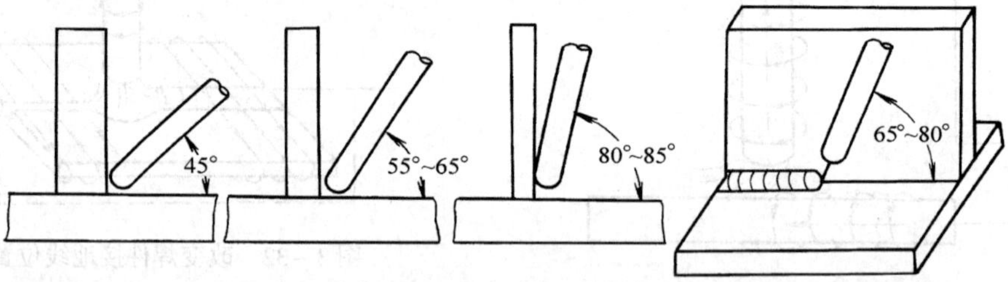

图3－36　T形接头平焊时的焊条角度

五、立焊

立焊有两种方式，一种是由下向上施焊，另一种是由上向下施焊。由上向下施焊要求有专用的向下立焊焊条才能保证焊缝成形。目前生产中应用最广的仍是由下向上施焊的立焊法，由于熔化金属受重力的作用容易下淌，使焊缝成形困难，故应采用较小的焊条直径和焊接电流，并采用短弧焊接。

1. 不开坡口的对接立焊

不开坡口的立对接焊，常用于薄件的焊接，采用跳弧法或灭弧法，运条方式为直线形或稍作摆动的直线形。

跳弧法和灭弧法的特点是：在焊接薄板、接头间隙较大的立焊缝及采用大电流焊接立焊缝时，能避免产生烧穿、焊瘤等缺陷。

（1）跳弧法　跳弧法就是当熔滴脱离焊条末端过渡到熔池后，立即将电弧向焊接方向提起，为了不使空气侵入熔化金属，跳弧时的最大弧长不超过6mm，如图3－37所示。目的是让熔化金属迅速冷却凝固，形成一个“台阶”，当熔池缩小到焊条直径的1～1.5倍时，再

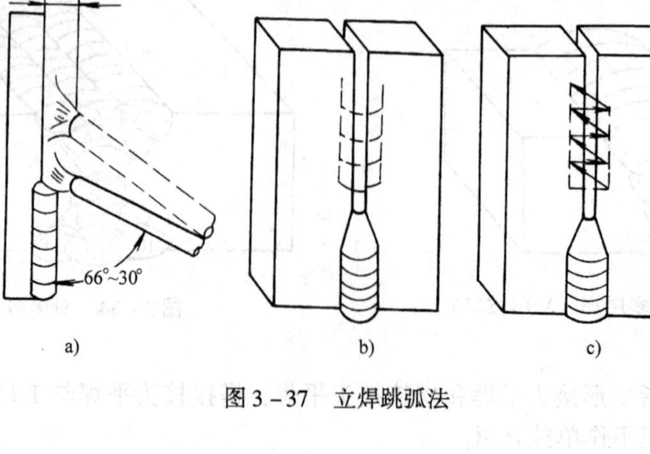

图3－37　立焊跳弧法

将电弧（或重新引弧）移到“台阶”上面，在“台阶”上形成一个新的熔池，如此不断地重复熔化－冷却－凝固－再熔化的过程，就能由下向上形成一条焊缝。

（2）灭弧法　灭弧法就是当熔滴从焊条末端过渡到熔池后，立即将电弧熄灭，使熔化金属有瞬时凝固的机会，随后重新在弧坑引燃电弧，这样交错地进行，灭弧时间在开始时可以短些，因此时焊件还是冷的，随着焊接时间的增长，灭弧时间也要稍微增加，才能避免烧穿和产生焊瘤。

施焊时，当电弧引燃后，应将电弧稍微拉长，以对焊缝端头进行预热，然后再压低电弧进行焊接。

在焊接过程中要注意熔池的形状，如发现椭圆形熔池的下部边缘由比较平直的轮廓逐渐鼓起变圆时表示温度已稍高或过高（如图3－38所示），应立即灭弧，让熔池降温，避免产生焊瘤，待熔池瞬时冷却后，在熔池处引弧继续焊接。

图3－38　熔池形状与熔池温度的关系

焊立焊缝的接头是比较困难的，容易产生焊瘤、夹渣等缺陷，因此接头时更换焊条要迅速，应采用热接法。先用稍长电弧预热接头处，预热后将焊条移至弧坑一侧进行接头（此时电弧比正常电弧要稍长一些）。在接头时，往往有铁水拉不开或熔渣、铁水混在一起的现象，这主要是由于接头时更换焊条时间太长，引弧后预热时间不够以及焊条角度不正确而引起的。因此，产生这种现象时必须将电弧稍微拉长一些，并适当延长在接头处的停留时间，同时将焊条角度增大（与焊缝成90°），这样熔渣就会自然滚落下去，便于接头。收尾方法可采用反复断弧法。

在焊接反面封底焊缝时，可适当增大焊接电流，保证获得较好的熔深，其运条可采用月牙形或锯齿形跳弧法。

2. 开坡口的立对接焊

钢板厚度大于6mm时，为了保证熔透，一般都要开坡口。施焊时采用多层焊，其层数多少，可根据焊件厚度决定。

（1）打底焊操作要领　多层焊时，打底焊是关键，要求熔深均匀，没有缺陷。因此，应选用直径为3.2mm或4mm的焊条。施焊时，在熔池上端要熔穿一小孔，以保证熔透。焊件厚度不同运条方法也不同，对厚板焊件可用小三角形（运条时在每个转角处须作停留），中等厚度或稍薄的焊件可用小月牙形、锯齿形跳弧法，如图3－39所示。

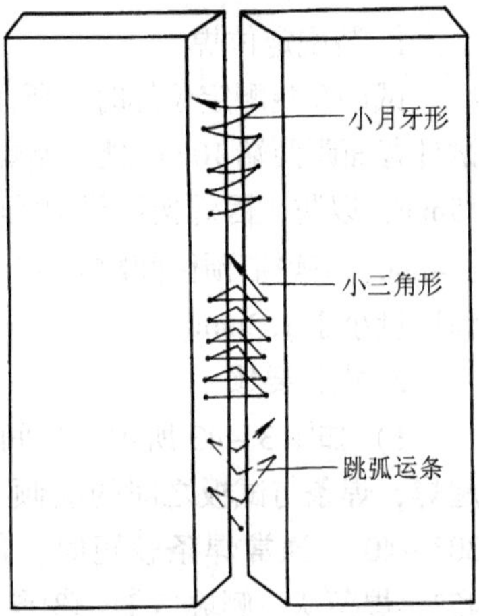

图3－39　开坡口立对接焊的运条法

（2）其余各层焊接操作要点　在焊第二层之前，应将第一层的焊渣清除干净，焊瘤应铲平。焊接时可采用锯齿形或月牙形运条法。在进行表面层焊接时，应根据焊缝表面的要求选用适当运条法，如要求焊缝表面较高可用月牙形；若要求表面平整的可用锯齿形。为了获得平整美观的表面焊缝，除了要保持较薄的焊缝厚度外，还应适当减小电流（防止焊瘤和咬边），运条速度应均匀，横向摆动时，如图3－40所示。在a、b两点应将电弧进一步缩短并稍作停留，以防止咬边。从 a 摆动至 b 时应稍快些，以防止产生焊瘤。有时候表层焊缝也可采用较大电流的快速摆弧法，在运条时采用短弧，使焊条末端紧靠熔池快速摆动，并在坡口边缘稍作停留，这样表层焊缝不仅较薄，而且焊波较细，焊缝平整美观。

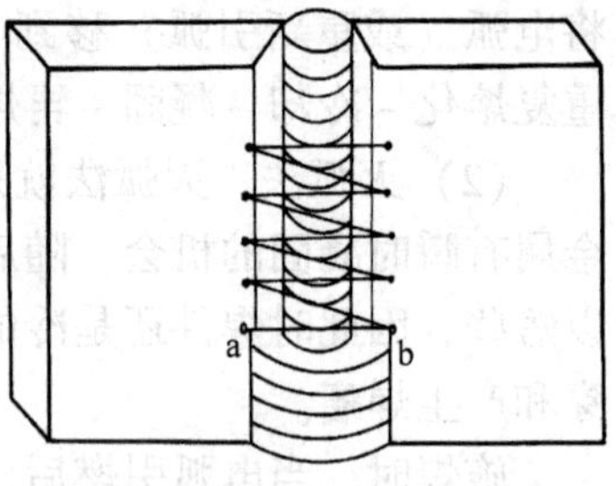

图 3－40　开坡口立对接焊的表层运条法

(3) T 形接头立焊操作要点　T 形接头立焊容易产生的缺陷是焊缝根部（角顶）未焊透，焊缝两边易咬边。因此，在施焊时，焊条角度向下与焊缝成 60°～90°，左右为 45°，焊条运至焊缝两边应稍作停留，并采用短弧焊接。在焊接 T 形接头立焊时，其采用的运条法，如图 3－41 所示。其操作要点与开坡口对接立焊相似。

六、手工单面焊双面成形技术

低碳钢平位对接焊条电弧焊，如图 3－42 所示。

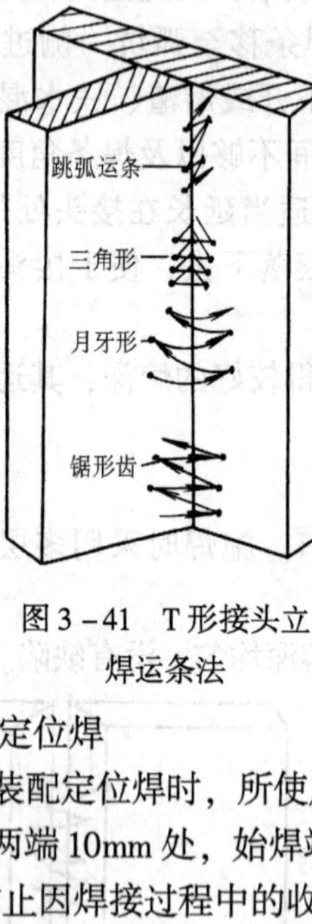

图 3－41　T 形接头立焊运条法

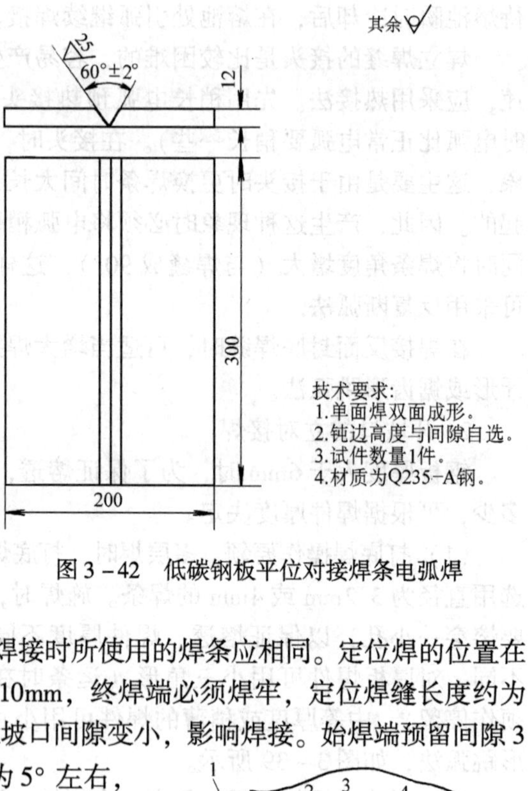

图 3－42　低碳钢板平位对接焊条电弧焊

1. 装配定位焊

试件在装配定位焊时，所使用的焊条和正式焊接时所使用的焊条应相同。定位焊的位置在试件背面距两端 10mm 处，始焊端定位焊缝约长 10mm，终焊端必须焊牢，定位焊缝长度约为 15mm，以防止因焊接过程中的收缩，造成未焊段坡口间隙变小，影响焊接。始焊端预留间隙 3～4mm，终焊端预留间隙 4～5mm。预留反变量为 5° 左右，错边量小于 1.2mm。

2. 操作要领

1）如图 3－43 所示，从间隙较小的一端定位焊缝 1 处起焊，焊条与试板之间的前倾夹角（向焊接方向倾斜）为 30°～40°，通常焊条较短时，角度自然加大，但不宜超过 45°。焊条从一侧坡口①、③点向另一侧坡口摆动的夹角为 15°左右，这个角度主要以手腕关节为支点摆动焊钳来实现。在坡口两侧根部①、②、③、④点均应作瞬时停顿，摆动一

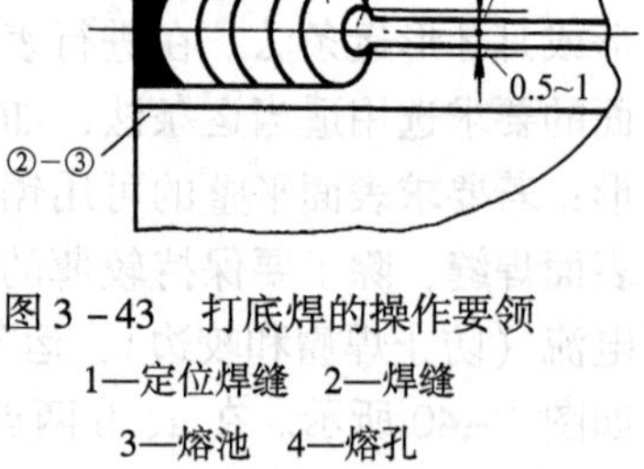

图 3－43　打底焊的操作要领

1—定位焊缝　2—焊缝

3—熔池　4—熔孔

次稍停顿后，在②、④点迅速向后方跳弧各完成一个焊点。

2）采用断续焊法打底，焊条直径为3.2mm，焊接电流为80～90A，操作时要掌握熔池大小一致，熔孔缺口深度不小于0.5mm，如图3－43所示。电弧击穿坡口根部发生的“噗噗”声音强弱和断续时间长短要均匀一致，凭借听觉判断一个焊点（一片鱼鳞纹）的焊接从引弧到熄弧约用1～1.5s。

每前进一个焊点，焊道增长1～1.5mm，电弧的2/3用来加热熔池，1/3用来熔化和击穿坡口根部、穿透熔孔。

3）填充焊。焊接填充层前，要将底层焊渣和飞溅清除干净，将各处接头过高处磨平。填充层焊接层数为三层，焊条直径为4mm，焊接电流为190～200A，操作方法为连续焊法。焊条前倾角为75°～85°，焊条摆幅比打底时加大。焊条在坡口两侧停留时间比打底焊时稍长些，使焊道表面稍向下。最后一道填充层应低于母材约1～1.5mm，为盖面层焊接打好基础。

4）盖面焊。盖面焊时选择焊条直径为4mm，焊接电流为190～195A。注意使焊条摆幅一致，焊接速度均匀，熔池两侧面盖过坡口线约2mm左右，停留时间长短以控制不产生咬边为限。

七、常见焊接缺陷分析

见表3－3。

表3－3　常见焊缝缺陷分析表

缺陷名称	缺陷特征	图　例	产生原因	防止措施
焊缝外形、尺寸不符合要求	焊波粗劣，焊缝宽度不匀，高低不平	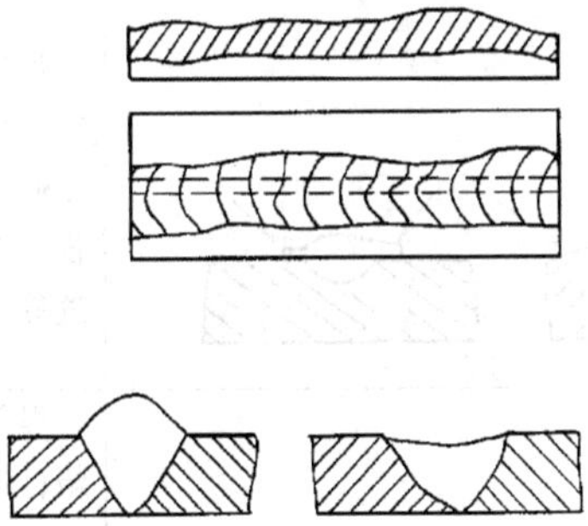	焊件坡口尺寸不当或装配间隙不合适；焊接电流过大或过小；焊接速度或运条手法不当	选择恰当的坡口角度、装配间隙及焊接电流，熟练地掌握操作技术，严格地按照设计规定进行施工
焊接裂纹	热裂纹：在高温时产生，有氧化色泽，焊后立即开裂	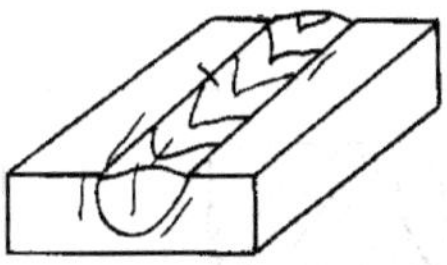	钢材含S、P较多，高温时在晶界上形成低熔点共晶液体；焊接应力较大	使用优质焊丝，焊前预热，降低冷却速度，减小焊接应力，采用碱性焊条和焊剂
	冷裂纹：在较低温度开裂，具有金属光泽，焊后几小时、几天甚至几十天开裂		钢种淬硬倾向大，焊接过程中溶入过量的氢；焊接残余应力较大	预热、回火减小残余应力，加速氢的逸出；选用低氢焊条；严格工艺规范

（续）

缺陷名称	缺陷特征	图例	产生原因	防止措施
咬边	基本金属和焊缝交界处在基本金属上产生的沟槽或凹陷	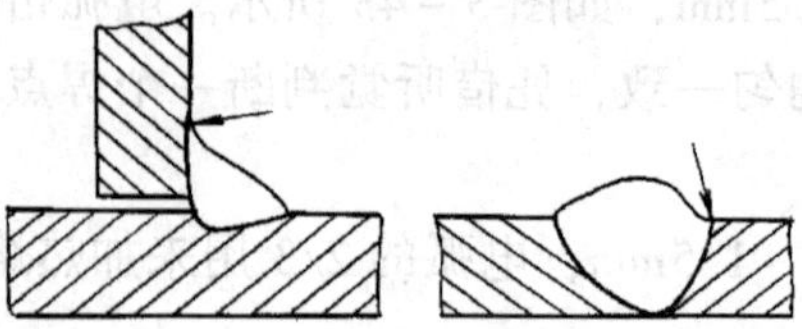	焊接电流太大；焊接速度或运条方法不当，尤其在立、横、仰焊操作时，焊条角度不当或电弧太长	正确地选择焊接电流和焊速、掌握正确的运条方法，采用合适的焊条角度和电弧长度
未焊透与未熔合	未焊透是指接头根部未完全熔透；未熔合是指焊道与母材之间或焊道与焊道之间，未完全熔化结合	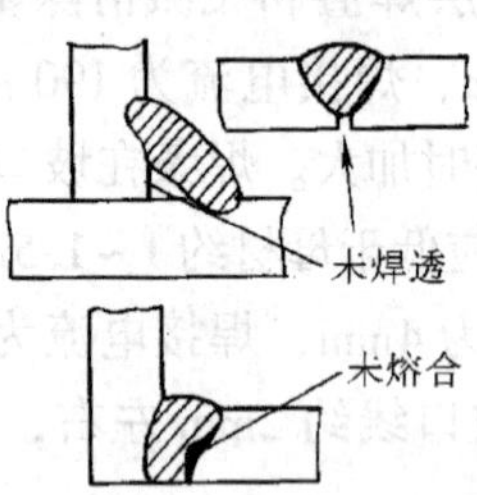	焊接电流太小、焊速过快、坡口尺寸不合理、焊枪未对准焊缝中心，磁偏吹使电弧偏离焊缝中心等。焊件清理不干净	正确地选择焊接规范、坡口形式和装配间隙；确保焊缝对中；注意坡口两侧及焊道层间的清理
夹渣	焊后残留在焊缝金属中的非金属夹杂物		焊件边缘及焊层、焊道之间清理不干净；焊接电流太小；运条不当	做好清理工作；正确选择焊接电流、焊条种类；掌握正确的运条方法
焊瘤	熔化金属流到焊缝以外的母材上形成的金属瘤	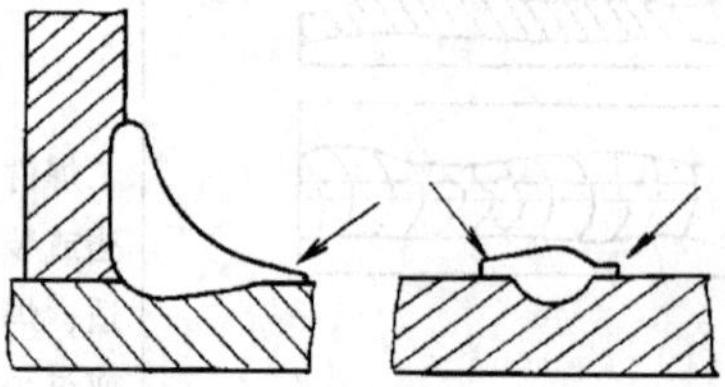	焊丝伸出长度过长、坡口过小、焊速太慢、电弧电压过低、焊丝未对准焊缝等	尽量使焊缝处于水平位置、焊速不宜过低、焊丝伸出长度不宜太长、注意坡口及弧长的选择
气孔	熔池中的气泡在凝固时未能逸出而残留下来所形成的空穴	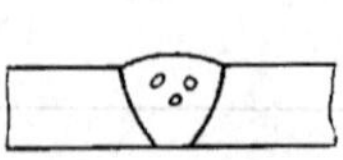	焊条未按规定烘焙；焊件清理不干净；药皮失效、焊条偏心严重，或露天操作时风太大；立、仰焊时，运条手法不当或电弧过长等都可能产生气孔	选择正确的工艺规范并严格执行；认真作好焊前清理工作；露天焊接时应注意防风；掌握正确的运条方法、采用短弧焊接等
焊穿及塌陷	液态金属从焊缝背面漏出凝成疙瘩或在焊缝上形成穿孔	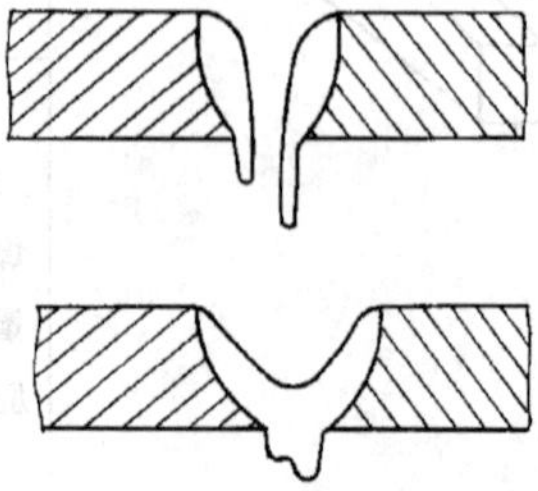	电流过大、焊速过慢及坡口间隙过大等；气体保护焊时，保护气流量过大也是形成这种缺陷的原因之一	应使焊接电流与焊速适当配合；严格控制装配间隙；气体保护焊时，应注意气体流量不能过大，以免形成切割效应

操 作 实 训

1. 焊条电弧焊钢板对接平焊练习（焊一条150mm的对接平焊缝）。要求了解焊接工艺，掌握引弧、运条方法、焊缝的连接与收尾。

2. 平对接单面焊双面成形。了解平对接单面焊双面成形板的加工及装配要求，掌握平对接单面焊双面成形的操作要领与运条方法（适用于焊接专业）。

3. 对现场焊接缺陷的特点及形成原因进行分析。

第三节　CO_2 气体保护半自动焊

一、CO_2 气体保护半自动焊接设备及用具

CO_2 气体保护半自动焊接设备由焊接电源、送丝系统、焊枪、供气系统和控制系统几部分组成，如图3-44所示。其用具与焊条电弧焊基本相同。

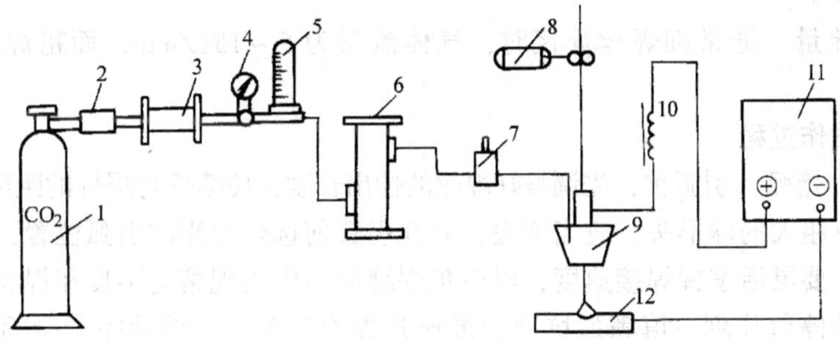

图3-44　CO_2 气体保护半自动焊接设备示意图

1—CO_2 气瓶　2—预热器　3—高压干燥器　4—气体减压阀　5—气体流量计　6—低压干燥器　7—气阀　8—送丝机构　9—焊枪　10—可调电感　11—焊接电源及控制系统　12—工件

由于 CO_2 是氧化性气体，在电弧高温下使钢中的碳、锰、硅及其它合金元素烧损，为保证焊缝中的合金元素，须采用含锰、硅较高的低碳钢焊丝或含有相应合金元素的合金钢焊丝。例如：焊接低碳钢常用H08MnSiA焊丝，焊接低合金钢常用 $H08Mn_2SiA$ 焊丝。

二、主要焊接工艺参数的选择

（1）焊丝直径　细焊丝用于焊接薄板。随着板厚的增加，焊丝直径增加。焊丝直径的选择可参考表3-4。

表3-4　不同焊丝直径的适用范围　（mm）

焊丝直径	熔滴过渡形式	焊件厚度	焊缝位置
0.8	短路	1.5~2.5	全位置
	细颗粒	2.5~4	水平
1.0~1.2	短路	2~8	全位置
	细颗粒	2~12	水平
1.6	短路	3~12	立、横、仰
≥1.6	细颗粒	>6	水平

（2）焊接电流　根据焊丝直径大小与采用的熔滴过渡形式来确定。不同直径的焊丝焊接

电流的选择范围列于表 3－5。

表 3－5　焊接电流的选择

焊丝直径/mm	短路电流/A	
	细颗粒过渡（电弧电压 30～45V）	短路过渡（电弧电压 16～22V）
0.8	150～250	60～160
1.2	200～300	100～175
1.6	350～500	100～180
2.4	500～750	150～200

（3）焊丝伸出长度　一般取焊丝直径的 10～12 倍。

（4）电弧电压　电弧电压必须与焊接电流配合恰当。通常细焊丝焊接时电弧电压为 17～24V；粗焊丝焊接时电弧电压为 25～36V。

（5）电源极性　CO_2 气体保护焊时，主要是采用直流反极性连接，焊接过程稳定，熔深较大，飞溅较小。

（6）气体流量　通常细焊丝焊接时，气体流量为 5～15L/min，而粗焊丝焊接时可达 25L/min。

三、基本操作过程

（1）引弧与熄弧　引弧前，先调整好焊丝的伸出长度，使喷嘴与焊件的距离为 10～15mm，如果焊丝端部有粗大的球形头，应当剪去，并在引弧前选好适当的引弧位置，采用短路引弧法。起弧以后，要灵活掌握焊接速度，以避免焊缝起始段出现熔化不良和焊波过高。熄弧时要注意在弧坑处停留片刻，填满弧坑后，再松开焊枪开关。等熔池完全凝固后，再移开焊枪，这样可以使熔池得到保护，不易产生气孔。

（2）运条　运条可分为直线法和摆动法。直线法要求运条稳定，速度均匀，焊丝与焊件距离保持一致。多用于薄板的平焊焊接、向下立焊、横焊及仰焊或打底焊缝。要得到较宽的焊缝时，应采用摆动焊。摆动焊时，要求摆动的宽度和每摆动一次焊枪向前移动的距离均匀，摆动到焊缝两侧时稍作停顿，而在中部的速度要快些。基本的摆动方式有小节距和大节距两种，小节距摆动的幅度较小，常用于坡口间隙较大的熔透焊、立焊等的打底焊；大节距摆动的幅度较大，但不能超过 1.5 倍喷嘴内径，否则，焊接熔池的保护效果将变差，大节距法多用于角焊缝、对接焊缝的中间层和盖面焊。摆动焊常用的运条方式主要有锯齿形、月牙形、三角形等。如图 3－45 所示为 CO_2 气体保护半自动焊的运条方法。

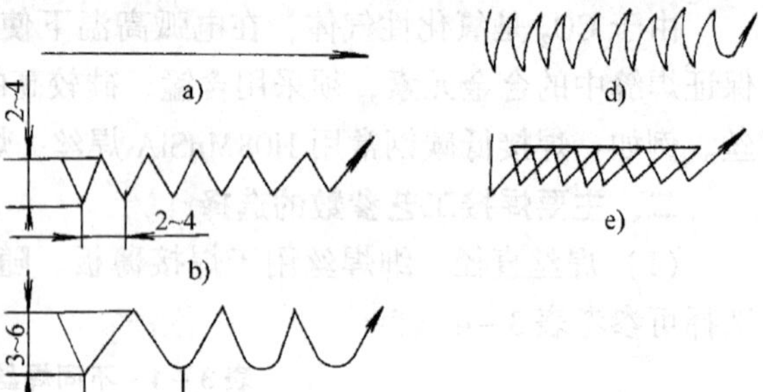

图 3－45　CO_2 气体保护半自动焊的运条方法

a）直线法　b）小节距锯齿法　c）大节距锯齿法　d）月牙法　e）三角形法

（3）右向焊法和左向焊法　按照焊枪的移动方向，CO_2 气体保护半自动焊的操作方法有左、右向焊法之分，如图 3－46 所示。

右向焊法　焊枪指向焊缝，焊接过程自左向右，熔化的金属是被推到电弧的后方，焊枪挡住了熔池，不易观察，掌握不当易焊偏；同时，电弧直接作用于工件上，熔深较大，焊缝窄而高，主要用于角焊缝的焊接。

左向焊法　焊枪指向焊件未焊部分，焊接过程自右向左，熔化金属被推到电弧的前方，焊枪挡不住视线，熔池易观察，不易焊偏；同时，电弧难于直接作用于工件上，熔深较小，熔宽较大，焊缝成形较好，应用比较普遍。

四、平焊

平板对接焊时，通常用左向焊法。焊接薄板时，为了防止烧穿，焊枪作直线运动，并严格保证焊枪到焊件的距离，否则焊接不稳定，飞溅增加，必要时采用下坡焊，如图 3－47 所示。要求单面焊双面成形时，对接间隙是非常重要的。焊接时注意观察熔池变化，将烧穿时，焊枪可适当地前后摆动一下，然后接着焊。有时也可用断弧焊。对接间隙较大时，焊枪可适当作小节距横向摆动。

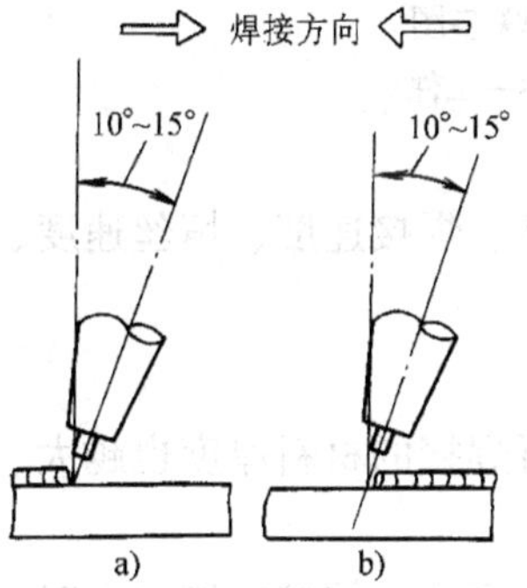

图 3－46　左向焊法和右向焊法

a）右向焊法　b）左向焊法

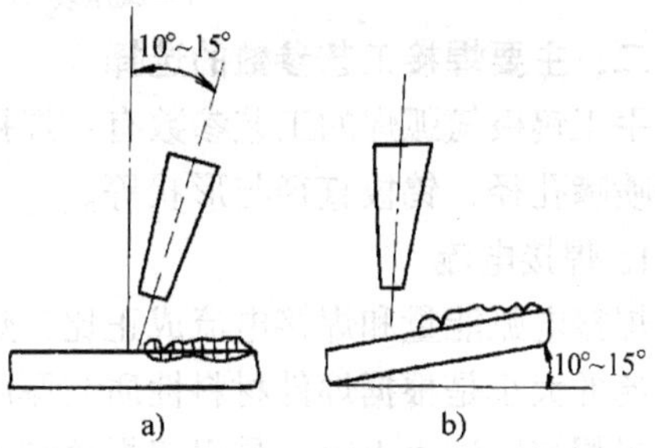

图 3－47　CO_2 气体保护半自动焊的薄板焊接示意图

a）水平焊　b）下坡焊

焊接中、厚板时，为了保证焊透，需开坡口。打底焊采用直线形或小节距的摆动焊，其余各层采用大节距的横向摆动。也可采用多层多道焊。注意层间要清渣。

T 字接头或搭接接头平角焊时，采用左、右向焊法均可，为了更好地熔合，焊接电流、电弧电压比相同板厚的平对接焊略高些。当两板厚度相同或相近时，焊枪与水平板夹角为 45°，当立板较薄时，一般与水平板夹角为 60°左右。当焊角要求在 6mm 以下，焊枪不摆动，6mm 以上时可作斜锯齿形摆动，也可采用多层焊。

操 作 实 训

1. 在教师指导下，完成 CO_2 气瓶、流量计、减压器、预热干燥器与焊接设备的连接。
2. 在低碳钢钢板上进行平板对接焊缝练习，并与焊条电弧焊焊缝进行比较。

第四节　手工钨极氩弧焊

一、手工钨极氩弧焊的设备及用具

手工钨极氩弧焊的设备及用具主要有焊接电源、供水系统、焊枪、供气系统和控制系统等部分组成。设备联接如图3-48所示。

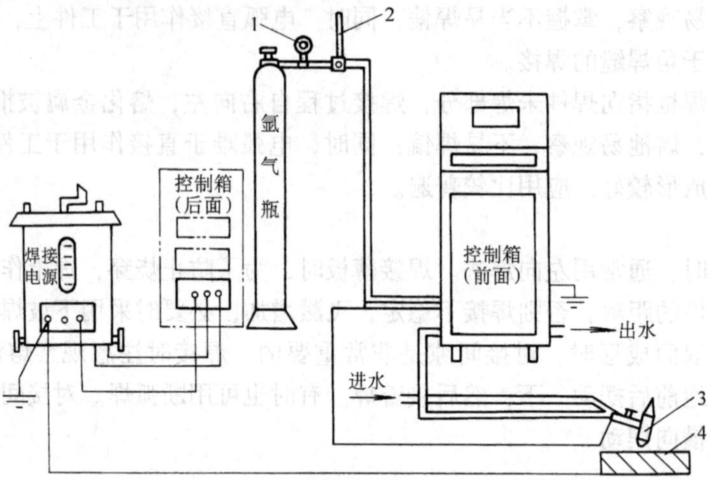

图3-48 手工钨极氩弧焊设备联接图

1—减压表 2—流量计 3—焊枪 4—工件

二、主要焊接工艺参数的选择

手工钨极氩弧焊的工艺参数有：焊接电流、电弧长度、焊接速度、填丝速度、保护气流量与喷嘴孔径、钨极直径与形状等。

1. 焊接电流

焊接电弧能量和焊接电流成正比，焊接电流越大，可焊接的材料厚度也越大。因此，焊接电流的大小是根据焊件材料性质与厚度来确定的。

当焊接电流太大时，易引起焊缝咬边、焊穿等缺陷；反之，焊接电流太小时，易形成未焊透焊缝。

2. 电弧长度

当电压增加时，弧长增长，电弧发出的热量也增加。但弧长超过一定范围后，由于弧柱截面增大，热分布愈加分散，热效率下降。因此，在保证电弧不短路的情况下，应尽量采用短弧焊接，这可使得电弧热效率提高。电弧加热集中、稳定，焊透均匀，且焊件变形也小。一般情况下，不加填充焊丝焊接时，弧长以控制在1~3mm之间为宜；加填充焊丝焊接时，弧长约为3~6mm。

3. 焊接速度

焊接速度反比于焊缝获得的线能量。当焊接速度过快时，焊缝易产生未焊透、气孔、夹渣和裂纹等缺陷。反之，焊接速度过低时，焊缝又易产生焊穿和咬边现象。

使用钨极氩弧焊时，采用较低的焊接速度较为有利。焊接不锈钢、耐热合金和钛合金材料时，尤其要注意选用较低的焊接速度，以便得到较大范围的气保护区域。

4. 填丝速度与焊丝直径

填丝速度与焊丝直径、焊接电流、接头间隙、焊接速度等因素有关。一般焊丝直径大时送丝速度慢；焊接电流、焊接速度、接头间隙大时，送丝速度快。送丝速度选择不当，可能会造成焊缝出现未焊透、烧穿、焊缝凹陷、焊缝堆太高、成形不光滑等缺陷。

焊丝直径的大小与接头间隙、板厚有关，当板厚、间隙大时，直径可选大一些。

5. 保护气流量和喷嘴直径

一般情况下，为了获得良好的保护效果，必须使保护气流量与喷嘴直径匹配，也就是说，对于一定直径的喷嘴，有一个获得最佳保护效果的气流量，这样保护区范围最大，保护效果最好。如果喷嘴直径增大，气体流量必然随之增加才能得到良好的保护效果。

三、基本操作过程

手工钨极氩弧焊的基本操作可分为引弧、焊接和收弧三个阶段。

1. 引弧

通常采用引弧器进行引弧，先使钨极端头与焊件之间保持一定距离，然后接通引弧器电路，在高频电流或高压脉冲电流的作用下使氩气电离而引燃电弧。这种引弧方法可靠性高，且钨极不与焊件接触。因而，钨极不至因短路而烧损，同时还可防止焊缝因电极材料落入熔池而形成钨夹渣等缺陷。

也可采用接触引弧法，即将钨电极末端与焊件直接短路，然后迅速拉开而引燃电弧。接触引弧时，设备简单，但引弧可靠性较差。由于钨极与焊件接触，可能使钨极端头局部熔化而混入焊缝金属中，造成焊缝夹钨缺陷。

2. 焊接

焊接时为了得到良好的气保护效果，应尽量缩短喷嘴到焊件的距离，为此钨极应伸出喷嘴长度一般为5～8mm。

3. 收弧

收弧时应填满弧坑，除了焊机采用电流衰减装置外，还可以用焊枪上的按钮来断续送电，同时加一些焊丝，然后将电弧慢慢地拉长而收弧，以防止产生过深的弧坑。

为了使氩气有效地保护焊区，引弧时应提前送气3～8s，收弧时须继续送气3～5s。焊接完毕后不要立刻抬起焊枪，待到钨极与焊缝稍冷却后，再抬起焊枪，以避免炽热的钨极及焊缝表面受到氧化。

操 作 实 训

利用钨极氩弧焊焊接不锈钢薄板或管件。

第五节 切 割

一、气割

1. 气割设备

(1) 氧气瓶　氧气瓶是一种储存和运输氧气用的高压容器，其构造如图3－49所示。瓶体表面漆成天蓝色，并用黑漆写明“氧气”字样，以区别其它气瓶。为使氧气瓶能平稳竖立地放置，在制造时把底部挤压成凹面形状。为使搬运时防止氧气瓶阀意外的碰撞，在瓶体上部收口处，装置一个带有内螺纹的瓶帽。

(2) 乙炔瓶　乙炔气瓶是一种储存和运输乙炔的容器，其形状和构造如图3－50所示。乙炔瓶外表涂白色，并用红漆标注“乙炔”字样。

(3) 减压器　是将高压气体降为低压气体的调节装置，如把储存在氧气瓶内15MPa的高压气体减压至0.1～0.3MPa的工作压力，以供焊接使用。同时减压器还有稳压作用，使气体工作压力不随气瓶内的压力减小而降低。图 3 - 51 所示为 QD - 1 型单级反作用式减压器。

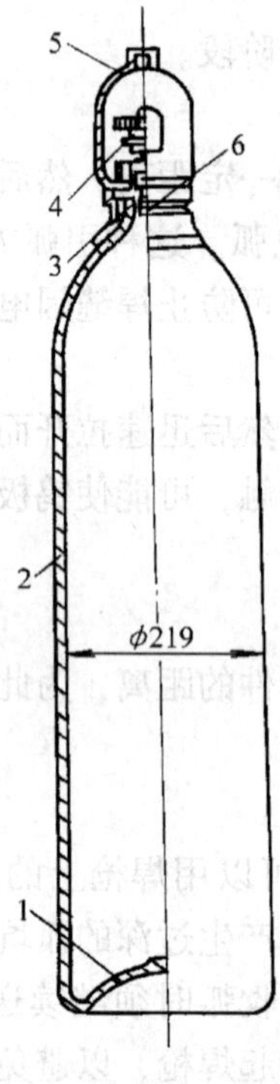

图 3 - 49　氧气瓶构造

1—瓶底　2—瓶体　3—瓶箍

4—瓶阀　5—瓶帽　6—瓶头

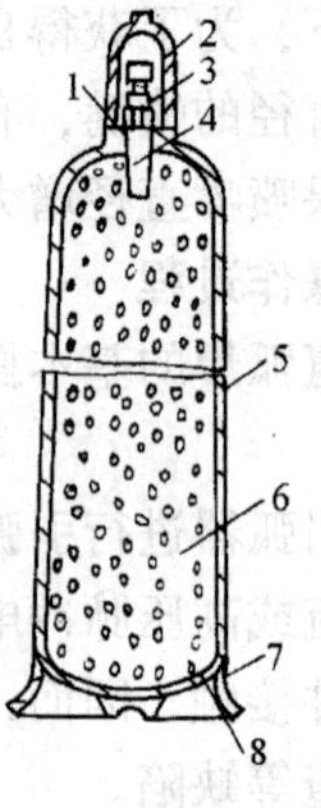

图 3 - 50　乙炔瓶的构造

1—瓶口　2—瓶帽　3—瓶阀　4—石棉　5—瓶体

6—多孔填料　7—瓶座　8—瓶底

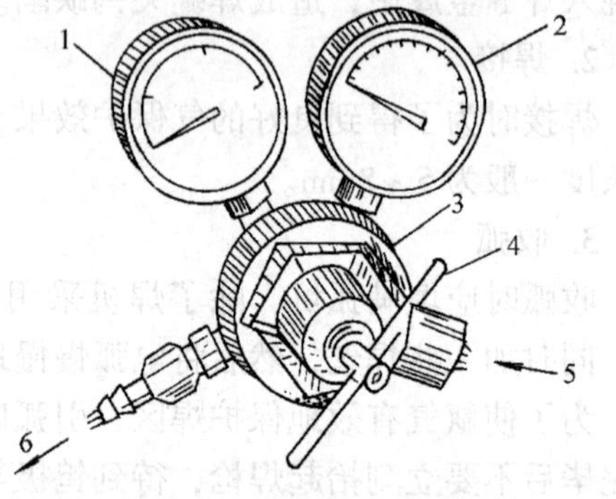

图 3 - 51　QD - 1 型单级反作用式减压器

1—低压表　2—高压表　3—外壳　4—调压螺丝

5—进气接头　6—出气接头

由于乙炔瓶的阀体旁侧没有连接减压器的侧接头，因此必须使用带有夹环的乙炔减压器，如图 3 - 52 所示，当转动紧固螺丝时就能使乙炔减压器的连接管压紧在乙炔瓶阀的出气口上，从而使乙炔能通过减压器供给工作场地使用。

（4）割炬　又名割枪，其形状结构如图 3 - 53 所示。

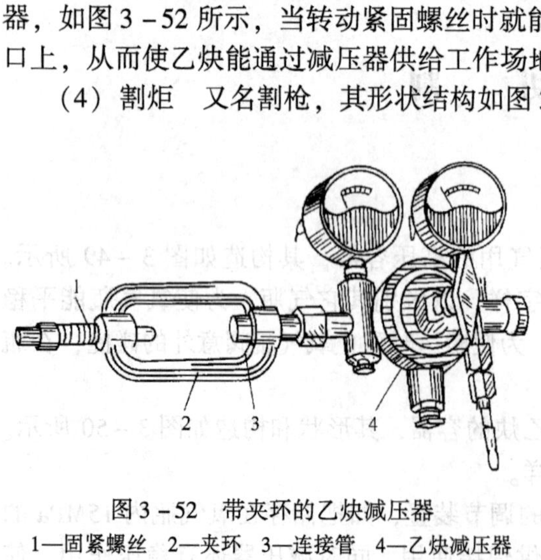

图 3 - 52　带夹环的乙炔减压器

1—固紧螺丝　2—夹环　3—连接管　4—乙炔减压器

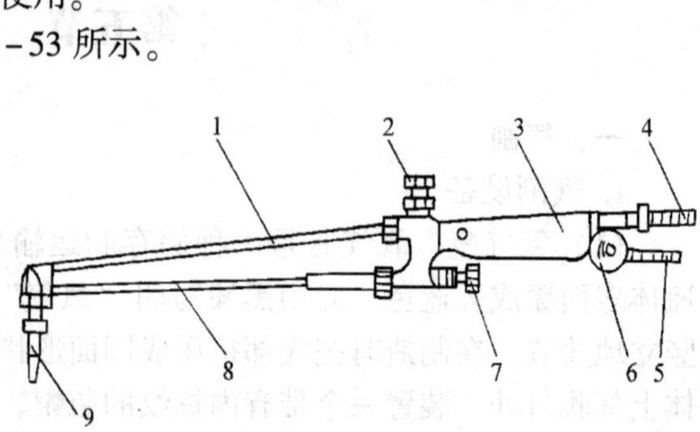

图 3 - 53　割炬外形

1—切割氧管　2—高压氧手轮　3—手柄　4—氧气管接头

5—乙炔管接头　6—乙炔开关　7—氧气阀手轮

8—混合气管　9—割嘴

割炬分为两部分，一部分为预热部分，具有射吸作用，可使用低压乙炔；另一部分为切割部分，它是由切割氧调节阀、切割氧通道以及割嘴等组成。

气割时，先逆时针方向稍微开启预热氧调节阀，再打开乙炔调节阀并立即进行点火，然后增大预热氧流量，使氧气与乙炔混合后经过混合气体通道从割嘴喷出产生环形预热火焰，对割件进行预热。待割件预热至燃点时，即逆时针方向开启切割氧调节阀，此时高速氧气流将割缝处的金属氧化并吹除，随着割炬的不断移动即在割件上形成切口。

2. 手工气割基本操作

（1）气割工艺参数的选择　气割工艺参数主要包括切割氧压力、气割速度、预热火焰能率、割嘴与割件间的倾斜角，以及割嘴离开割件表面的距离。

1）切割氧压力：切割氧的压力与割件厚度、割嘴号码以及氧气纯度等因素有关。割件愈厚，要求切割氧的压力愈大；割件较薄时，则所需切割的压力可适当降低。所以随着割件厚度的增加，选择的割嘴号码和氧气压力均要相应的增大。

2）气割速度：气割速度与割件厚度和使用的割嘴形状有关。割件愈厚，气割速度愈慢；相反，则气割速度应愈快。合适的气割速度，以使切口产生的后拖量比较小为原则，以保证气割质量和降低气体的消耗量。

3）预热火焰能率：气割厚钢板时，由于气割速度较慢，为了防止割缝上缘熔化，应采取相对较弱的火焰能率；若火焰能率过大时，会使割缝上缘产生连续钢珠状钢粒，甚至熔化成圆角，同时造成割件背面粘附熔渣增多，而影响气割质量。在气割薄钢板时因气割速度快，应采用相对较大些的火焰能率，但割嘴应离割件远些，并保持一定的倾斜角度；若火焰能率过小时，割件得不到足够的热量，将使气割速度减慢。

4）割嘴与割件的倾斜角：割嘴沿气割前进方向后倾一定角度时，能将氧化燃烧而产生的熔渣吹向切割线的前缘，这样可以充分利用燃烧产生的热量来减少后拖量，从而促使气割速度的提高。割嘴倾斜角的大小，主要根据割件的厚度来定。气割4mm厚以下的钢板时，割嘴可后倾25°～45°；气割4～20mm厚的钢板时，割嘴可后倾20°～30°；气割20～30mm厚的钢板时，割嘴应垂直于割件；气割大于30mm厚的钢板时，开始气割时应将割嘴向前倾斜20°～30°，待割穿后再将割嘴垂直于割件进行正常切割，当快切割完时，割嘴应逐渐向后倾斜20°～30°。割炬的倾斜角与割件厚度的关系如图3－54所示。

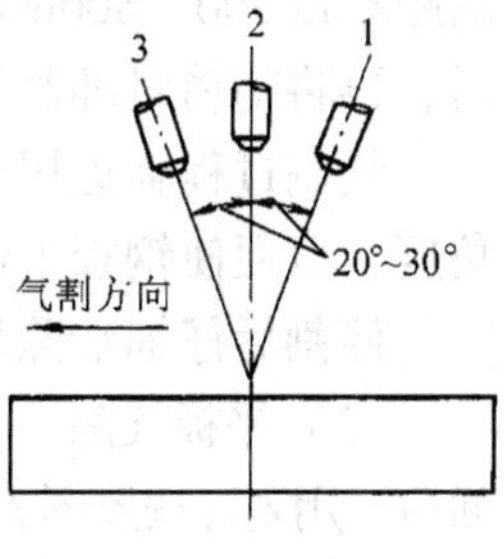

图3－54　割嘴的倾斜角与割件厚度的关系

割嘴离割件表面的距离，要根据预热火焰的长度及割件的厚度来确定。通常火焰焰心离开割件表面的距离应保持在3～5mm之内，这样渗碳的可能性最小，加热条件最好。

（2）手工气割基本操作

1）准备：乙炔发生器或乙炔瓶、氧气瓶和QD—1型氧气减压器。G01—30型割炬，2号环形割嘴。低碳钢板长450mm，宽300mm，厚度10mm。低碳钢管件直径150mm，壁厚3.5mm左右。切割圆规结构如图3－55所示，按照割嘴外套的外径做一个套管，厚3mm，长13～16mm，在套管的中间焊上一根直径5～6mm，长约300mm的移动定位杆（杆带锥度，便于调节），杆上刻有标距，将圆心支点套在定位杆上。

2）操作要领

①割件清理：将割件表面用钢丝刷仔细的清除掉鳞皮，铁锈和尘垢，便于火焰直接对钢板预热。割件下面用耐火砖垫空，以便排放熔渣，不能把割件直接放在水泥地上进行气割。

②点火：点火前先检查割炬射吸性是否正常，以及割炬各连接部位及调节手轮的针阀等处是否漏气。检查方法是先接上氧气胶管（但不接乙炔胶管），打开氧气和乙炔阀门，用手指按在乙炔进气管接头上，若感到有一股吸力，则表明射吸性能正常，反之则必须进行修理。

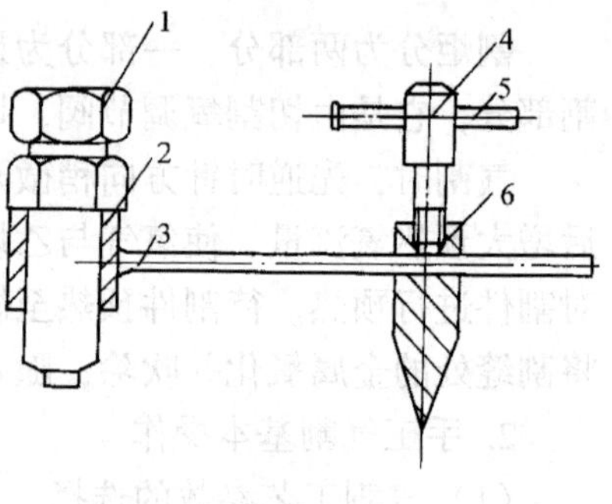

图 3－55　切割圆规结构

1—割嘴　2—套管　3—移动定位杆

4—紧固螺钉　5—手柄　6—圆心支点

用点火枪点火时，手要避开火焰，以免烧伤。将火焰调节为中性焰，也可是轻微的氧化焰，禁止使用碳化焰。

火焰调整好后，打开割炬上的切割氧开关，并增大氧气流量，观察切割氧流的形状（即风线形状）。风线应为笔直而清晰的圆柱体，并有适当长度，以保证切割质量。若风线形状不规则，应关闭阀门，用锥形通针或其它工具修整切割氧喷嘴或割嘴内嘴。预热火焰调整好后，关闭切割氧开关，并准备起割。

③起割：起割点应在割件的边缘，待边缘预热到呈现亮红色或“出汗”时，将火焰略微移动到边缘以外，同时慢慢地打开切割氧的开关。看到预热红点在氧气流中被吹除，再进一步加大切割氧的阀门。随着氧气流的加大，从割件背面飞出鲜红的氧化铁渣，说明割件已被割透。割炬即可移动。

在整个气割过程中，割炬移动的速度要均匀，割嘴到工件的距离应保持一致，一次切割的距离以 300～500mm 为宜。当身体要移动位置时，应先关闭切割氧阀门，待身体位置移好后，再将割嘴对准割线的接割处加热。然后慢慢打开切割氧阀门，继续向前气割。

气割过程临近尾部时，割嘴沿气割方向的反方向倾斜一定的角度，以便使钢板下部割透，使割缝在收尾处比较整齐。

停割后仔细清除切口面上的熔渣，便于后序工种的加工。

图 3－56　直线气割示意图

（3）平板气割　取 10mm 厚的钢板作为实习割件，仔细清理表面后，用划针按照图 3－56 所示划线，沿线每隔 15～20mm 打样冲眼一个，然后进行直线气割练习。练习时氧气压力为 0.4～0.5MPa。先割长缝，后割短缝。割长缝时，如要中途停顿，应停在交叉点上，不要在交叉点的前后两侧停割。

（4）管子气割　取低碳钢管件进行气割练习，为防止气割时发生偏差，保证切口整齐，起割时，火焰垂直于钢管表面，待割透后，再将割嘴逐渐倾斜一定的角度，继续向前移动。水平固定管气割时先从钢管的底部开始起割。割透后，将割嘴向上移动，并保持一定的倾角，割到钢管顶部的水平位置时，关闭切割氧气阀，再切割另一侧。

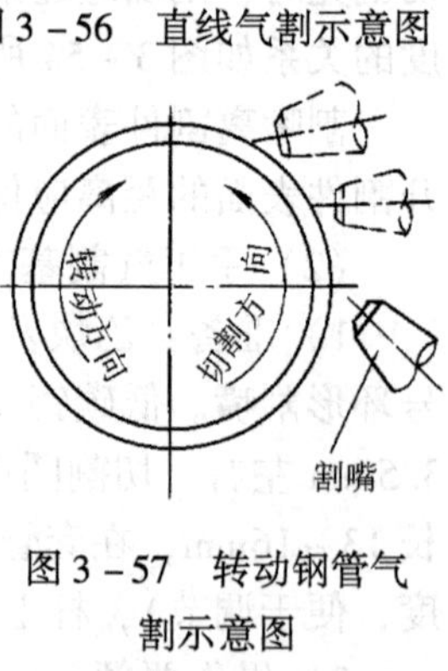

图 3－57　转动钢管气割示意图

转动钢管气割，从管子的侧面起割如图 3－57 所示，割透后割嘴往上倾斜并逐渐接近管子的切线角度。割一段后，将管子稍加转动，再继续气割。较小直径管子可分为 2～3 次割完。

(5) 手工气割坡口　割前先在割件待割处按坡口尺寸划好线，然后将割嘴坡口角度对好，以向后拖或向前推的操作方法进行切割。坡口的割速比一般的分离切割要稍慢，预热火焰的能率也应适当减小，切割氧的压力稍加大。为了获得割口宽窄一致、角度相等、美观的切割坡口，可将割嘴靠在扣放的角钢上进行切割，如图 3－58 所示。为了准确地切割不同角度坡口，进一步保证切割质量，可将割嘴按放在角度可调的滚轮架上进行切割。

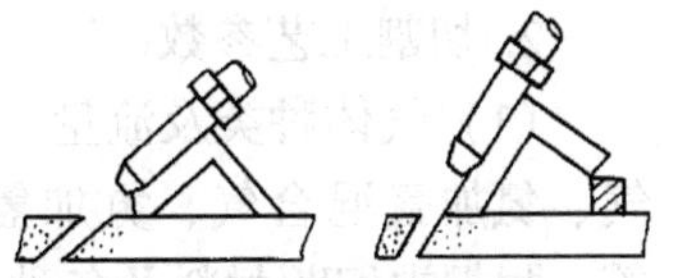

图 3－58　依靠角钢导向切割坡口

3. 手工气割故障

手工气割过程中，经常出现一些故障，致使气割工作不能正常进行。因此，掌握这些故障发生的原因和排除方法，对提高气割质量有着举足轻重的作用。经常出现故障的原因及排除方法见表 3－6。

表 3－6　常见故障及排除方法

故障性质		产生原因	排除方法
火焰故障	不起燃	气割设备漏气或堵塞使割炬中无燃烧气体，或由于压力表失灵，而氧压过大	1. 修理漏气或堵塞的地方 2. 更换压力表并重新点火
	燃烧不良	软管或预热割嘴堵塞，造成供气不足	疏通气路
	混合气体引燃时突然熄灭	氧气压力太低或减压器冻结，或割嘴严重损坏	1. 增大氧气压力 2. 用热水解冻 3. 更换割嘴或用通针清理割嘴
	回火或割嘴被烧	氧气压力太低或割炬离割件太近	1. 增大切割氧压力 2. 停火将割炬头部浸入水中冷却 3. 增加割炬到割件表面的距离
切割氧气流分散、不集中		切割氧气流通孔堵塞或切割氧气流速度太低	1. 清理割嘴孔 2. 提高氧气供给压力

二、等离子弧切割

等离子弧切割是利用高速、高温和高能的等离子气流来加热和熔化被切割材料，并且利用等离子气流将其吹除进行切割的。

1. 等离子弧切割设备

(1) 切割电源　等离子弧切割电源采用直流电源。其外特性使用下降外特性，并且空载电压较高。如三相磁放大器硅整流电源 ZXG2－400，空载电压 300V，额定电流 400A。

(2) 电器控制箱　电器控制箱主要包括程序控制继电器，接触器，高频振荡器，电磁气阀，水压开关。

(3) 割炬　割炬由上枪体，下枪体和喷嘴三部分组成，如图 3－59 所示。上枪体主要包括上体水套，电极，电极夹头，升降螺杆，调节螺母和冷却水管。下枪体由下体水套，进气管，和冷却水管组成。喷嘴是单独一部分。上、下枪体之间要求绝缘可靠，气密性好和具有较高的同心度。绝缘套可用胶木或其它绝缘性能良好，且不易吸潮的材料做成。下枪体与喷嘴之间，上、下枪体之间，凡要求气水密封的地方，一般采用橡胶材料密封。上、下枪体都通水冷却。上下枪体和喷嘴的同心度是靠加工精度来保证的。

2. 切割工艺参数

（1）气体种类及流量　等离子弧常用气体有氩气、氮气、氮加氩混合气、氮加氢混合气体、氩加氢混合气体等，根据被切割材料及各种工艺条件而选用。空气等离子弧切割采用压缩空气或离子气为常用气体而外喷射为压缩空气。

气体流量一般依据使用的喷嘴及电流的大小确定。而喷嘴孔径和电流大小又是根据切割厚度确定的，所以说气体流量应根据切割板厚度而定。

（2）切割电流　切割电流过大，易烧损电极和喷嘴，并且产生双弧，因此相应于一定的电极和喷嘴有一合适的电流。

（3）空载电压　空载电压高，易于引弧，切割大厚度板材和采用双原子气体时，空载电压相应要高。

（4）切割速度　主要决定于材料的板厚、切割电流、切割电压、气体种类及流量、喷嘴结构和合适的后拖量。

（5）喷嘴距工件高度　在电极内缩量一定时，喷嘴距离工件的高度一般在6~8mm。空气等离子弧切割和水再压缩等离子弧切割的喷嘴距离工件高度可略小。

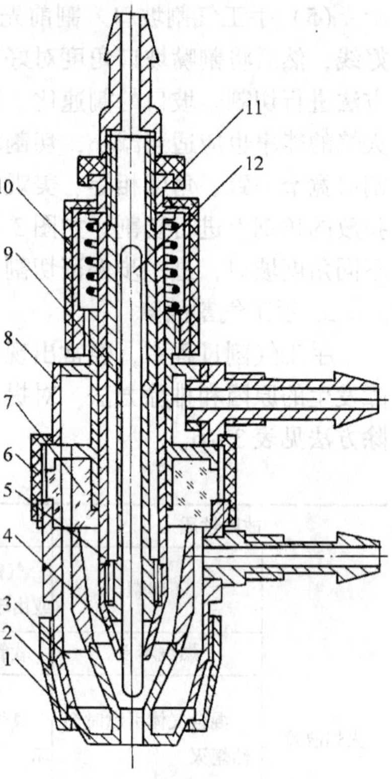

图3-59　等离子弧割炬

1—喷嘴　2—喷嘴压盖　3—下枪体　4—导电夹头　5—电极杆外套　6—绝缘螺母　7—绝缘柱　8—上枪体　9—水冷电极杆　10—弹簧　11—调整螺母　12—电极

3. 等离子弧切割操作技术

（1）割件割前清理　切割前，应把切割工件表面清理干净，使其导电良好。以保证等离子弧的引燃。割件下面用耐火材料垫空，以便熔渣排放。

（2）引弧　将割炬与工件相接触，使割炬与工件构成电回路。按下开关引燃电弧，引燃后略微抬起割炬保持电弧的稳定燃烧。

（3）切割　切割从工件边缘开始或在板上钻出直径1.5mm的小孔作为起切点，起切处切穿后移动割炬进行切割。切割过程中应保持合适的切割速度，以免切割质量下降，割炬与工件的距离保持在6mm左右，并且和切口平面保持一致。为了提高生产率和生产质量，可将割炬在切口所在平面内向切割的相反方向倾斜0°~45°，如图3-60所示。

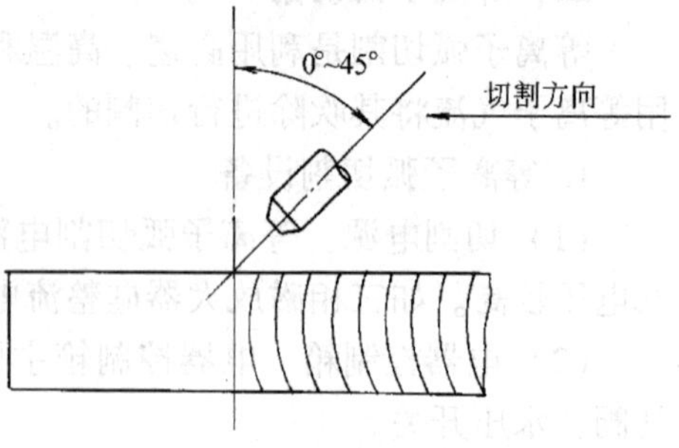

图3-60　切割时割炬后倾角

（4）等离子弧切割过程常出现的故障、产生原因及预防措施（见表3-7）

表3-7　等离子弧切割过程常出现的故障、产生原因及预防措施

故障	产生原因	预防措施
产生双弧	电极对中不良	调整电极与喷嘴同心度
	喷嘴漏水	改进割炬结构尺寸
	切割时等离子焰流上翻或熔渣飞到喷嘴	改变割炬角度或在割件上钻孔

（续）

故障	产生原因	预防措施
产生双弧	钨极内缩长度较长，气体流量太小	减小钨极内伸长度增大气体流量
	喷嘴离割件太近	把喷嘴抬高
由小电流弧转切割时产生断弧	割炬抬的太高，割件表面有污垢；导线与割件接触不良	降低割炬；清理割件表面；接好导线与割件
	喷嘴压缩孔道太长或喷嘴孔径太小	改善喷嘴的结构尺寸
	气体流量太大	减小气体流量
	电极内伸长度太长	把电极下调
	电源空载电压太低	提高电源电压
切口太宽	电流太大	适当减小电流
	气体流量不够，电弧压缩不好	适当增大气体流量
	喷嘴孔径太大	适当减小喷嘴孔径
	喷嘴至割件的距离太大	压低割炬
切口表面不光洁	割件表面有污垢	严格清理割件表面
	气体流量过小	适当加大气体流量
	割速及割炬高低掌握不均	提高操作水平
切不透	等离子弧功率不够	增大功率
	切割速度太快	降低割速
	气体流量太大	适当减小气体流量
	喷嘴离割件距离太近	把喷嘴压低

操作实训

1. 在教师指导下，做气割设备的管路连接及气压调节练习。
2. 进行气割点火、火焰调节和灭火练习。在厚度为 5～10mm 的钢板上做 50～100mm 长的直线切割。

复习思考题

1. 焊接接头的形式有几种？常用坡口形式有几种？
2. 焊条电弧焊引弧有哪几种方法？应如何正确操作？
3. 怎样正确选择焊条电弧焊的焊接工艺参数？
4. 焊接时怎样判断所选择的焊接电流正确与否？
5. 运条方法有哪几种？它们各有什么特点？
6. 弧坑是如何产生的？有哪些办法防止？
7. 平对接焊的特点和方法如何？
8. T 形接头平焊有什么特点？如何操作？
9. 立焊有什么特点？立焊的操作方法怎样？
10. 薄板焊接应注意哪些问题？
11. 试述手工单面焊双面成形的焊接方法。
12. 怎样调节火焰能率的大小？
13. 通过直线气割的操作练习，你认为怎样才能掌握好气割技术？
14. 气割时应注意哪些安全问题？

第四章　钢铁热处理实训

教学要求：

1）了解常用热处理炉的名称、结构特点及应用。

2）掌握一般热处理工艺（退火、正火、淬火、回火），学会热处理主要工艺的操作方法。

3）了解常用表面热处理工艺特点及应用。

4）了解常见热处理缺陷特征及产生原因。

第一节　概　　述

一、金属热处理的定义

金属热处理是将固态金属或合金在一定介质中加热，并在此温度保持一定时间，然后以适当的速度冷却，以改变其整体或表面组织，从而获得所需要的力学性能的一种工艺方法。

二、常用热处理方法

热处理根据加热和冷却方法的不同，可分为以下几种：

- 热处理
  - 普通热处理
    - 退火
    - 正火
    - 淬火
    - 回火
  - 表面热处理
    - 表面淬火
      - 火焰加热表面淬火
      - 感应加热表面淬火（高频、中频、工频）
    - 化学热处理
      - 渗碳
      - 渗氮
      - 碳氮共渗
      - 渗其它元素

不同的热处理方法常穿插在零件制造过程的各个冷、热加工工序之间，因而热处理可以作为预先热处理以消除上一道工序所遗留的某些缺陷，为下一道工序做好准备条件；也可以作为最终热处理，进一步改善材料的性能，满足零件的使用要求。

三、热处理的基本工序

一般热处理的工艺过程都包括以下三个基本工序：

1）用一定速度将零件加热到规定的温度范围，该范围可根据不同材料，不同热处理要求而定。

2）在此温度下保温，使工件全部热透。

3）以某种速度将工件冷却下来。

钢的各种热处理工艺如图4－1所示。

四、热处理生产安全知识

1）穿戴好防护用品。

2）操作前应熟悉零件的技术要求及热处理设备的操作规程，严格按照工艺规程操作。

3）用电阻炉加热时，工件进炉、出炉应先切断电源，然后送取工件，以防触电。

4）经热处理出炉的工件，不要立即用手摸，以防烫伤。

5）工件放入盐浴炉前一定要烘干。

6）所有电气设备、测温仪表等，必须有可靠的绝缘及接地，以防触电。

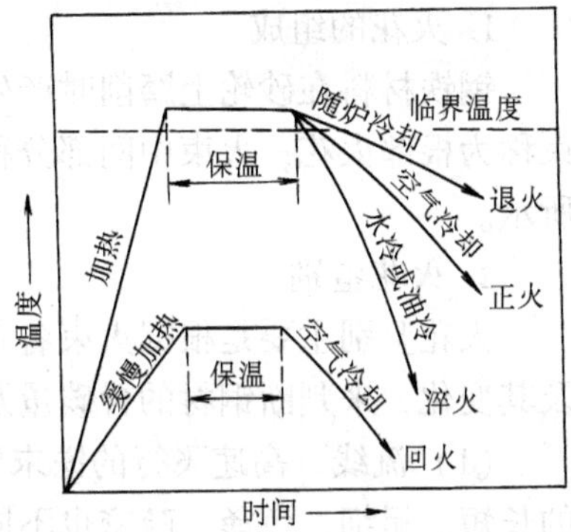

图4－1　钢的各种热处理示意图

五、钢的分类

1. 碳素钢的分类

（1）按含碳量分类　按含碳量可分为低碳钢（$w_C < 0.25\%$）；中碳钢（$w_C = 0.25\% \sim 0.6\%$）；高碳钢（$w_C > 0.6\%$）。

（2）按钢品质分类　按钢中有害元素硫、磷含量不同可分为：

1）普通碳素钢 $w_P \leqslant 0.035\% \sim 0.045\%$，$w_S \leqslant 0.035\% \sim 0.05\%$。

2）优质碳素钢 $w_P \leqslant 0.035\%$，$w_S \leqslant 0.03\% \sim 0.035\%$。

3）高级优质碳素钢 $w_P \leqslant 0.03\%$，$w_S \leqslant 0.02\%$。

（3）按用途分类　根据用途的不同，碳钢可分为：

1）碳素结构钢。主要用于制造各种工程构件（如桥梁、船舶、建筑用钢）和机器零件（如齿轮、轴、螺钉、螺母、曲轴、连杆等）。这类钢一般属于低碳和中碳钢。

2）碳素工具钢。主要用于制造各种刀具、模具、量具。这类钢含碳量较高，一般属于高碳钢。

2. 合金钢的分类

合金钢分类方法很多，最常用的有以下两种：

（1）按合金元素含量分类

1）低合金钢：合金元素总含量小于5%。

2）中合金钢：合金元素总含量为5%～10%。

3）高合金钢：合金元素总含量大于10%。

（2）按用途分类

1）合金结构钢。主要用于制造重要的机械零件和工程构件。

2）合金工具钢。主要用于制造各种工具，如刀具、模具、量具等。

3）特殊用途钢。具有某种特殊物理、化学性能的钢。如不锈钢、耐热钢、高耐磨钢、磁钢等。

六、钢的火花鉴别法

火花鉴别法是一种使用广泛且操作简便的鉴别钢材的方法。它是将钢置于砂轮上磨削，由发出来的火花特征来判别钢材的化学成分、牌号。此法虽然简便易行，但需要有丰富的经验。

1. 火花的组成

钢铁材料在砂轮上磨削时产生的全部火花称为火束。火束分三部分，靠近砂轮部分的火束称为根部火花；火束中间部分称中部火花；远离砂轮的部分火束称尾部火花，如图 4－2 所示。

2. 火花鉴别

火花鉴别主要是根据火束各部分（流线、芒线、节点、花色、尾花、花粉等）的特征及其变化，来判断钢材的含碳量及合金元素种类与含量。

（1）流线　高速飞行的铁末颗粒发光时所走的轨迹称为流线。钢材成分不同，其流线的长短、粗细、色泽、疏密也不同。流线通常有三种，即直线状流线、断续状流线和波纹状流线 3 种（如图 4－3 所示）。

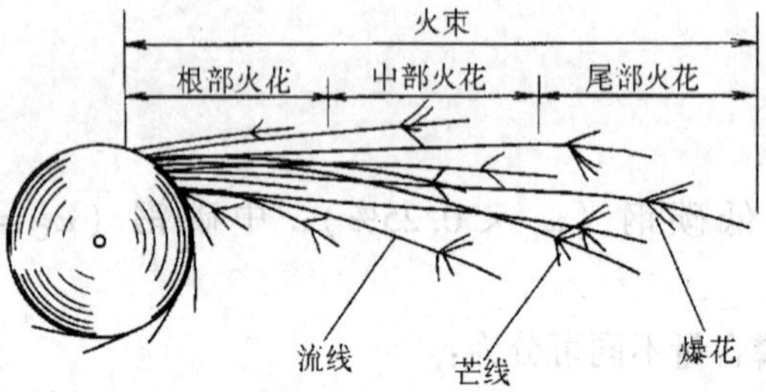

图 4－2　火花组成

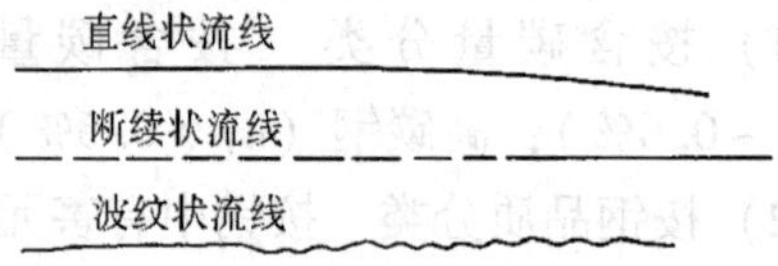

图 4－3　流线的类型

（2）芒线　火花爆裂时发射出的流线上的分叉线。

（3）节点　流线中途爆裂的地方，较流线明亮而稍肥的白亮点叫节点。

（4）爆花　爆花分布在流线上或芒线上，以节点为核心，由节点、芒线所组成的火花形状称为爆花。

3. 常用材料的火花特征见表 4－1

表 4－1　常用材料的火花特征

材　料	火花特征	火花形状
20 钢	浅黄带微红色。流线长，尾部稍粗，火花量少，且在火束的中部区域出现	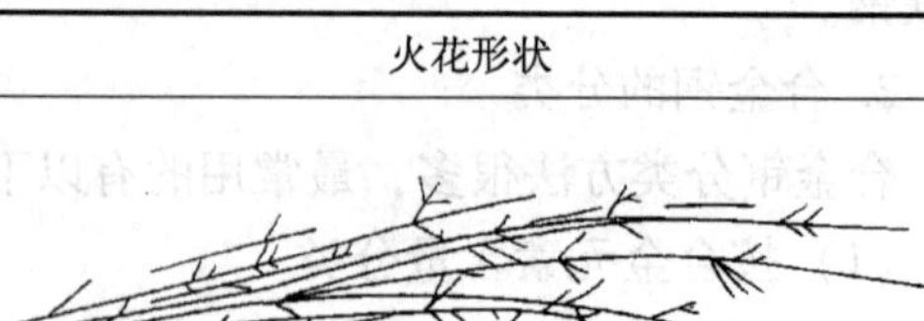
45 钢	黄亮色。流线较细长，尾部稍粗，火花在火束中部区域出现	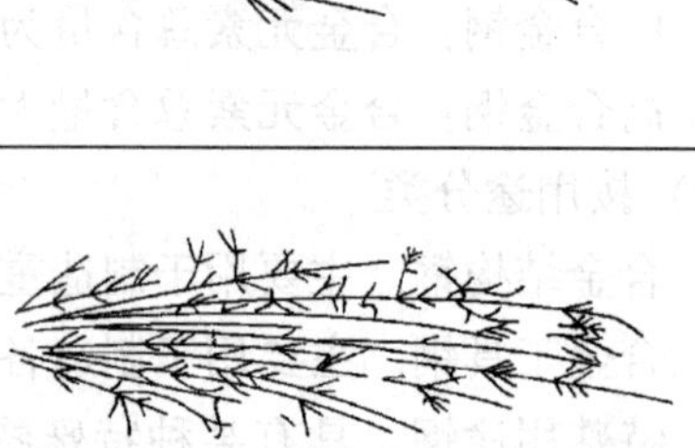

（续）

材　料	火花特征	火花形状
T10 钢	橙红。流线很多，很细，挺直，火花布满整个火束，火束短而粗	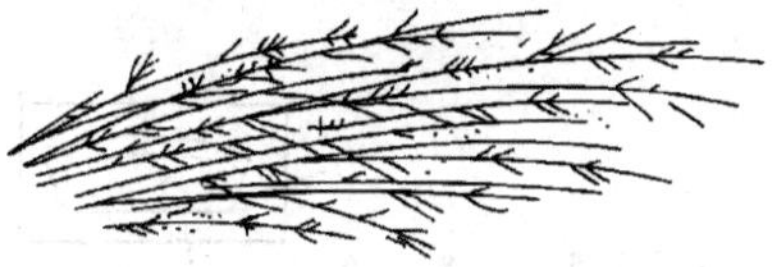
40Cr	白亮色。流线稍粗，量多，火花附近有明亮节点，火束较大	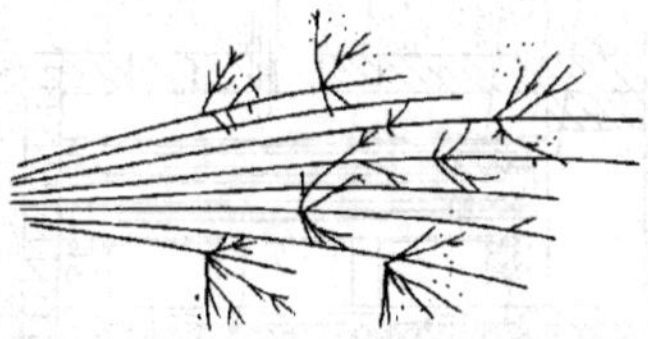

操　作　实　训

反复观察常用钢铁材料的火花特征。

第二节　钢铁热处理

常用热处理工艺，按其作用可分为预备热处理和最终热处理两类，预备热处理是为了消除热加工（锻、轧、铸、焊等）所造成的某些缺陷，为以后的冷加工和最终热处理做好组织准备。退火和正火通常为预备热处理。最终热处理是使工件获得使用时所要求的性能，如淬火、回火和表面淬火等。

一、常用热处理设备与工具

1. 热处理加热设备

热处理加热炉是热处理车间的主要设备，通常按下列方法分类：按热能来源分为电阻炉、燃料炉；按工作温度分为高温炉（>1000℃）、中温炉（650～1000℃）和低温炉（<600℃）；按工艺用途分为正火炉、退火炉、淬火炉、回火炉、渗碳炉等；按外形和炉膛形状分为箱式炉、井式炉等；按加热介质分为空气炉、浴炉、真空炉等。

常用的热处理炉主要有电阻炉和浴炉。

（1）箱式电阻炉　炉膛由耐火砖砌成，侧面和底面布置有电热元件（铁铬铝或镍铬电阻丝）。通电后，电能转换为热能，通过对流和辐射对工件进行加热。图 4－4 所示为中温箱式电阻炉，最高使用温度为 950℃，功率有 30、45、60kW 等规格，可根据工件大小和装炉量的多少而选用。

中温箱式电阻炉应用最为广泛，可用于碳钢、合金钢件的退火、正火、淬火以及固体渗碳等。

（2）井式电阻炉　这类炉子因炉口向上，形如井状而得名，如图 4－5 所示。它适用于长轴类工件的悬挂加热，以减少弯曲变形。同时，因炉口向上，可用吊车起吊工件，能大大减轻劳动强度，故应用较为广泛。中温井式电阻炉最高工作温度为 950℃，有 30、35、55、

70kW 等规格。

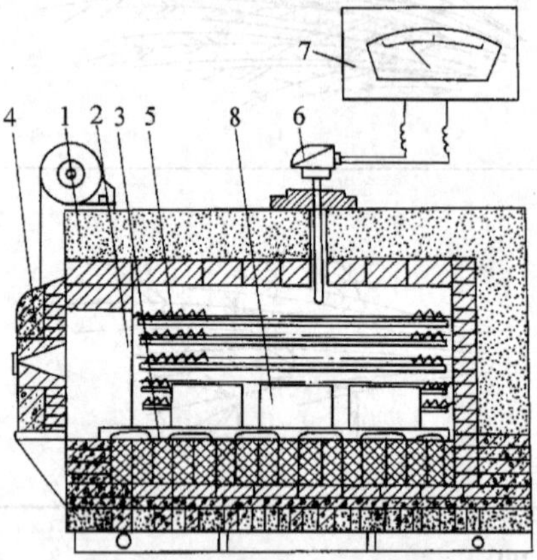

图 4-4 箱式电阻炉示意图

1—炉体 2—炉膛 3—耐热钢炉底板
4—炉门 5—电热元件 6—测温热电偶
7—电子控温仪表 8—工件

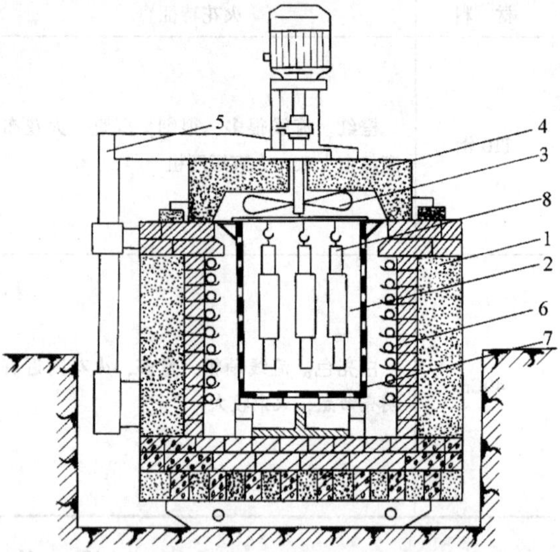

图 4-5 井式电阻炉示意图

1—炉体 2—炉膛 3—风扇 4—炉盖
5—炉盖升降机构 6—电热元件 7—装料筐 8—工件

井式气体渗碳炉的结构与井式电阻炉相似，但主要区别在于其装料结构不是料筐而是要求用密封性好的耐热钢制造的耐热炉罐，炉罐内有装工件用的耐热钢料筐，并在炉盖上有渗碳液滴注孔和废气排出孔以及试样的进出口。

(3) 盐浴炉 热处理浴炉是采用液态的熔盐或油类作为加热介质的热处理设备，按其所用介质不同，可分为盐浴炉和油浴炉，现仅介绍盐浴炉。

盐浴炉的优点是结构简单，制造容易，加热速度快，温度均匀；被加热工件不与空气接触，工件氧化、脱碳少；可实现工件的局部加热；工件进出炉简单方便。用盐浴炉可进行正火、淬火、化学热处理、局部加热淬火、回火等。

插入式电极盐浴炉如图 4-6 所示。其结构主要是由炉壳、炉衬、炉胆、电极、铜排和抽风罩等几部分组成。在插入炉膛的电极上，通以低电压、大电流的交流电借助熔盐的电阻发出热能，使熔盐达到要求的温度，以加热熔盐中的工件。

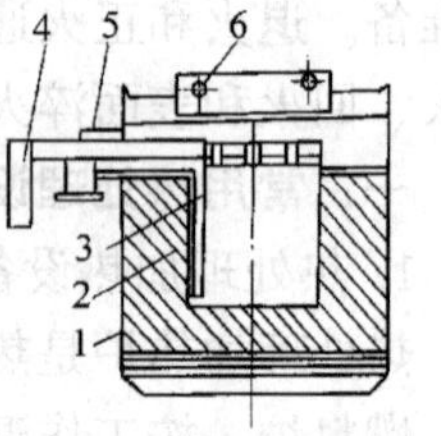

图 4-6 插入式电极盐浴炉

1—炉壳 2—炉衬 3—电极
4—连接变压器的铜排
5—风管 6—炉盖

2. 冷却设备

冷却设备种类繁多。根据冷却速度不同，可分为缓冷设备（浴炉、冷却坑）与急冷设备（淬火水槽、淬火机床等），这里主要介绍急冷设备。

(1) 淬火水槽 淬火水槽的结构形式有长方形、正方形、圆形等。尺寸小的水槽可用 3～5mm 厚的钢板制造；大型水槽用 8～12mm 厚的钢板制造，有时还需要在外面用角钢加肋。一般情况下，淬火水槽是根据本厂产品产量自制。

（2）淬火油槽　淬火油槽结构与淬火水槽相似，只是槽底有3°～5°的倾斜度，并在最低的一侧壁设一紧急排油阀，以便在油槽起火时很快将油放出。为了保证冷却能力和安全操作，有条件的热处理车间最好采用集中冷却的循环系统，如图4－7所示。

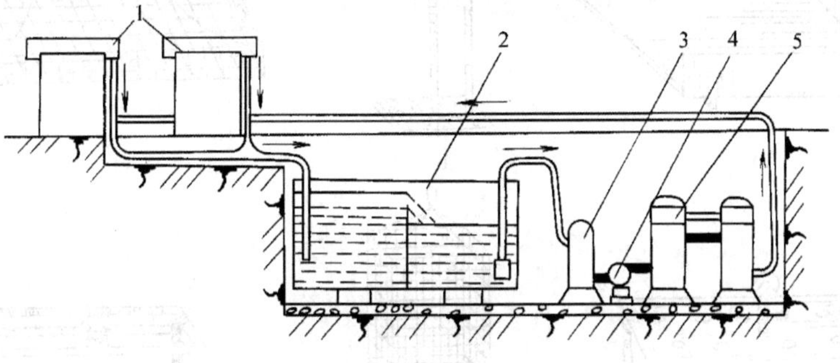

图4－7　油循环冷却系统结构示意图

1—淬火油槽　2—集油槽　3—过滤器　4—油泵　5—冷却器

3. 热处理常用工具

热处理常用工具的作用是完成工件进出炉和加热、冷却过程中的夹持，减少工件的变形，完成热处理的某些辅助工作。

（1）常用淬火工具　如图4－8所示。

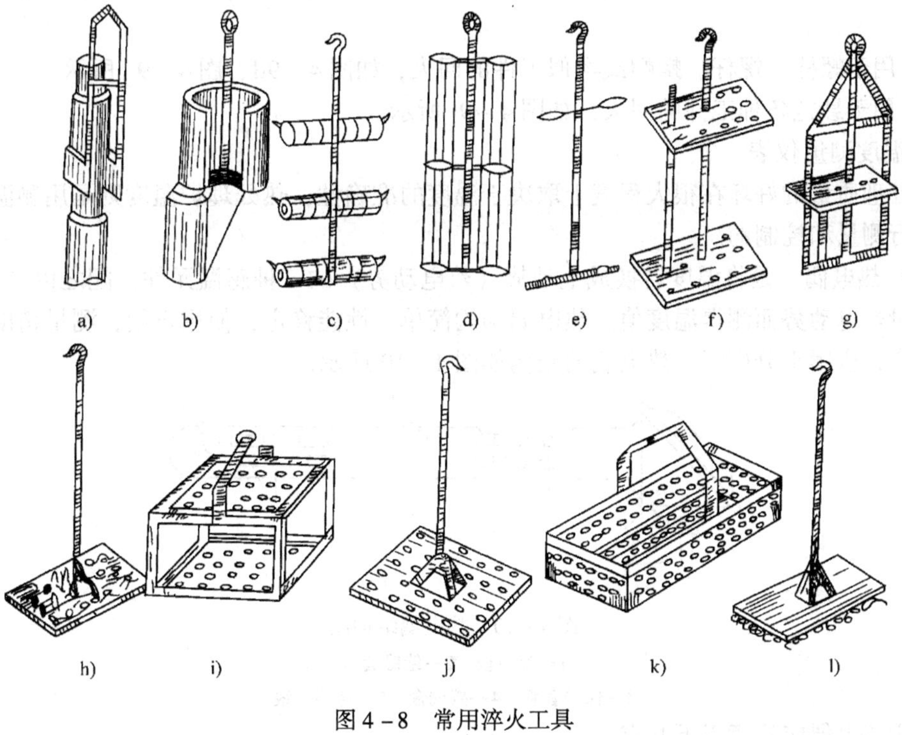

图4－8　常用淬火工具

（2）常用回火工具　如图4－9所示。

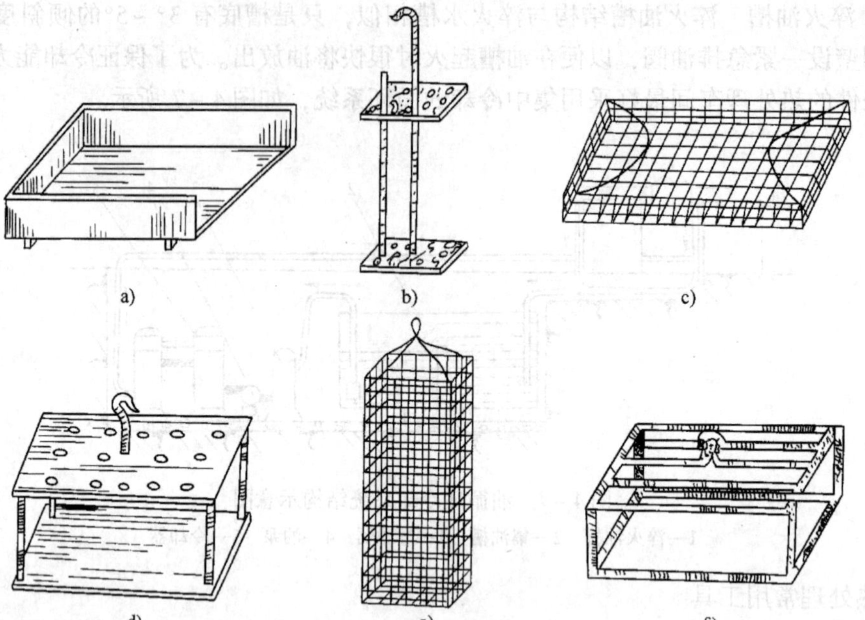

图 4－9　常用回火工具

1）用于各种小型零件的回火，如图 4－9a 所示。

2）用于较小的圆柱形工件的回火，如螺柱、小轴、销子等，如图 4－9b、图 4－9c 所示。

3）用于螺栓、螺杆、螺帽或类似工件的回火，如图 4－9d、图 4－9e 所示。

4）用于悬挂各种工件的回火，如图 4－9f 所示。

4. 温度测量仪表

热处理质量的好坏在很大程度上取决于温度的准确性，热处理炉温度则是用测温控制仪表来进行测量和控制的。

（1）热电偶　是将温度转换成电动势（热电动势）的一种感温元件，配之以二次仪表，通过测量热电动势而测得温度值。热电偶结构简单，性能稳定，使用方便，测量精度高，测温范围广，应用十分广泛。热电偶的结构如图 4－10 所示。

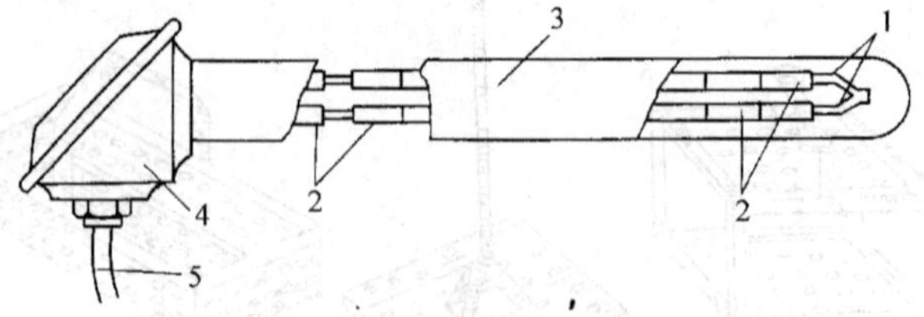

图 4－10　热电偶结构图

1—热电极　2—绝缘套管

3—保护套管　4—接线盒　5—连接导线

使用热电偶应注意以下几点：

1）在炉内的位置应能反应炉内的工作温度。

2）热电偶应接地，避免在强电磁场中使用。

3）插入炉中深度应为保护管直径的 8～10 倍。

4）热电偶使用前应经过计量部门鉴定。

（2）毫伏计　毫伏计是用来直接测量热电势大小的仪表，常用的有指示毫伏计和调节式毫伏计两种。指示毫伏计只有显示热源温度的功能，调节式毫伏计既可指示温度又可控制温度，是热处理中常用的一种。一种毫伏计只能配一种热电偶，毫伏计有正负极之分，不可接错。

（3）电子电位差计　电子电位差计是应用最广泛的二次仪表，具有指示温度、记录温度曲线和控制温度三个功能。

二、钢的退火与正火

1. 钢的退火

是把钢件加热到一定温度，经过保温，然后随炉缓慢冷却的热处理工艺。

（1）退火目的　降低硬度，改善力学性能和工艺性能；消除组织缺陷，均匀化学成分；消除或减小内应力，稳定尺寸；为最终热处理做组织准备。

（2）退火方法　常用的退火法有完全退火、不完全退火、再结晶退火、低温退火、等温退火、均匀化退火、去应力退火等几种。

（3）退火工艺

1）加热温度。相变温度以上的退火，其加热温度的高低与相变的临界温度有关，如图 4－11 所示。通常完全退火的加热温度为 Ac_3＋（30～50）℃（适用于亚共析钢）；不完全退火的加热温度为 Ac_1＋（20～30）℃（主要适用于过共析钢）；均匀化退火的加热温度为 Ac_3 或 Ac_{cm}＋（150～250）℃（主要适用于高合金钢、轴承钢等）；不发生相变的退火的加热温度在 Ac_1 以下，通常去应力退火在 500～650℃，再结晶退火在 650～700℃。

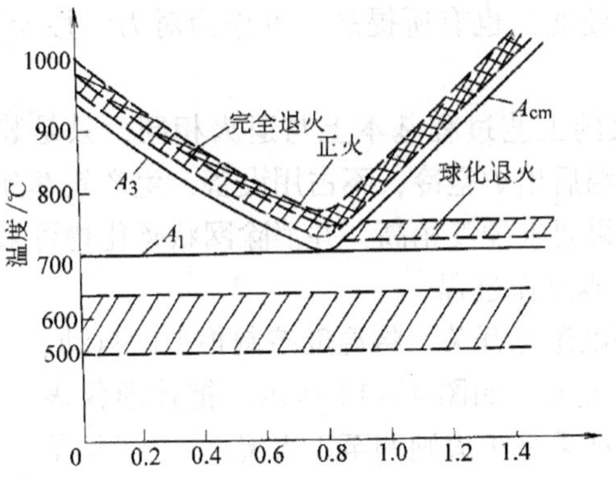

图 4－11　常用退火和正火加热温度范围

2）加热速度。材料、工件大小、形状、装炉量及装炉方式不同，则加热速度不同。由于合金钢的导热性较差，加热速度就要慢些，以防止因工件内外温差过大造成开裂或变形。对于大型工件、装炉量大或透热条件较差的场合，形状复杂、尺寸相差悬殊的工件，其加热速度也应缓慢，以保证均匀加热，减少内应力。

加热速度通常为：碳钢 150～200℃/h；合金钢 50～100℃/h。在需要缓慢加热的情况下，当加热到 600℃左右时，应保温一段时间，使其内外温度均匀之后，再以正常加热速度升温至预定的加热温度。

3）保温时间。保温是为了使工件透烧，完成组织转变，以达到退火的目的。保温时间过长，会使奥氏体晶粒长大，而且易产生表面氧化、脱碳。反之，则又会因加热温度不均匀而使组织转变不完全。

保温时间的确定主要根据钢材的成分及原始组织状态、装炉量及装炉方法和加热设备等方面的因素而综合考虑。

在箱式电阻炉中，通常保温的时间系数为：碳钢为 1.5～1.8min/mm；合金钢为1.8～2.0min/mm。

若在燃料炉中退火，其保温的时间系数可比前者小1/3。

均匀化退火的保温时间较长，大约为10～20h。由于温度高，时间长，晶粒易粗化，所以通常在扩散退火之后，应进行一次完全退火或正火（亚共析钢），以细化晶粒。

4）冷却速度。退火的冷却速度要求比较缓慢。冷却速度太快，则硬度高，不便于切削加工；反之，则珠光体片粗大，不但降低其强度，而且不能为最终热处理做好组织准备。

通常冷却速度为：碳钢为50～100℃/h，合金钢为10～60℃/h，500℃以下出炉。低温退火通常不大于30℃/h，300℃以下出炉。再结晶退火可出炉空冷，等温退火在加热保温之后向恒温温度冷却时，可以快速冷却，必要时可以打开炉门冷却。经过恒温阶段后，冷却到500℃以下出炉。球化退火时，珠光体中渗碳体颗粒的大小主要取决于其冷却速度。合金钢的球化退火，经恒温后其冷却速度最好不超过10～20℃/h。

2. 钢的正火

正火是将工件加热至Ac_3＋（30～50）℃（亚共析钢）或Ac_{cm}＋（30～50）℃（过共析钢），保温一定时间后出炉空冷的热处理工艺方法。

（1）正火目的　正火的目的与退火相似，所不同的是正火冷却速度较快，得到的组织较细，力学性能（强度、硬度）也有所提高。可作为对力学性能要求不高的工件的最终热处理。

（2）正火工艺　正火的工艺过程基本上与退火相同，只是装炉时通常采用到温装炉，以提高工作效率，经过保温后出炉空冷，不占用设备，生产效率高。冷却时，要求工件不得堆放在潮湿的地面上。如果要求硬度稍高，并消除网状碳化物可采用流动空气冷却。

3. 钢的正火与退火基本操作过程

（1）加热　接通设备电源总开关。将温度控制柜上的自动、手动转换开关扳到自动位置上，如图4－12所示。把控温仪表温度调至退火工艺温度（如果是正火则调至正火温度）。当炉子温度达到工艺所要求的温度时，断开电源，用铁钩将装有工件的密封桶推进箱式电阻炉的炉膛里，安放在有效加热区内，关闭炉门。接通电源，此时炉子自动升温。

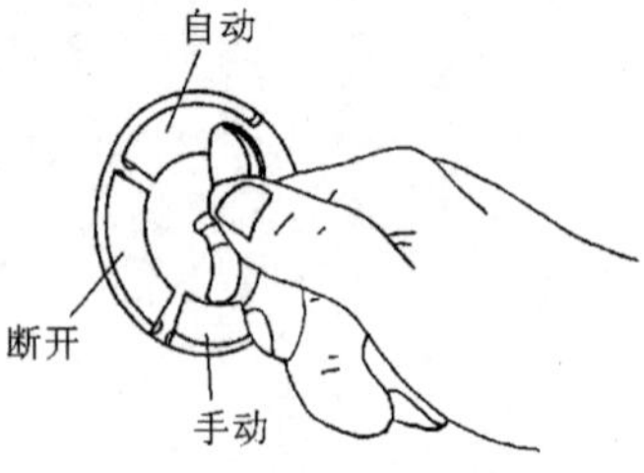

图4－12　调节旋钮

（2）保温　当箱式电阻炉的温度重新达到工艺规定温度时，控温仪表保温指示灯亮，炉子处于自动控制保温状态。

（3）冷却　当达到工艺规定保温时间后，将开关扳到“断开”位置。退火工件通常随炉冷却至500℃或室温即可出炉；正火工件通常出炉空冷。对形状简单、技术要求不高的工件，正火后直接将工件放在地面的铁板上冷却。要求正火变形量小的细长工件，正火后需挂在架子上冷却。大型工件正火后可用吹风冷却或喷水雾冷却。

4. 简单实例

凿岩机钎尾（如图4－13所示）工作时需要承受活塞高频率的冲击、扭转作用，同时承受很大的摩擦力、弯曲应力，故要求它具有足够的抗疲劳强度、冲击韧度及耐磨性。选用材料为40Cr。在加工工艺中，完全退火按图4－14所示操作，其目的是为了消除锻造缺陷及应力，为淬火做组织准备，退火后硬度≤207HBS。

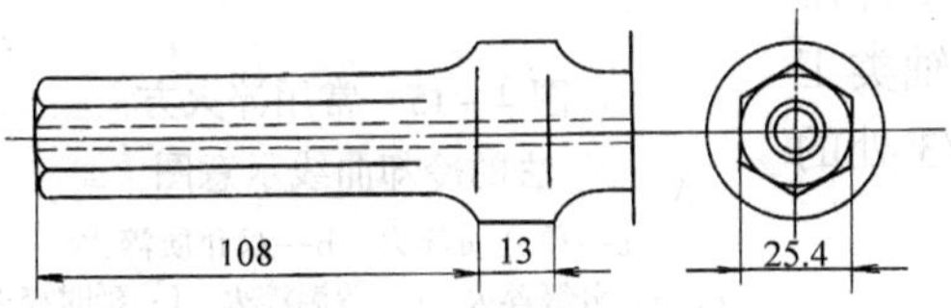

图4－13 凿岩机钎尾

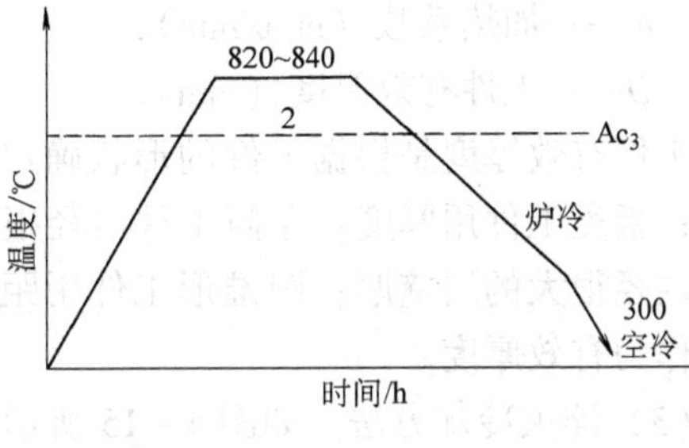

图4－14 凿岩机钎尾完全退火工艺曲线

三、钢的淬火

将钢件加热到 Ac_3 或 Ac_1 以上某一温度，经过保温，然后快速冷却的方法称为淬火。淬火后要求得到马氏体组织，故淬火冷却速度必须大于临界冷却速度，但为了避免工件变形与开裂，在保证获得马氏体的前提下，冷却速度尽可能慢。

1. 淬火目的

是提高钢的硬度，增加耐磨性，与高温回火配合可获得良好的综合力学性能。

2. 淬火工艺

淬火工艺包括加热、保温、冷却三个阶段。

（1）加热温度的确定　钢的具体淬火加热温度可根据铁碳相图，由钢的含碳量来确定。在一般情况下，对于亚共析钢取 Ac_3 +（30～50）℃；对共析钢或过共析钢则取 Ac_1 +（30～50）℃。

亚共析钢在上述温度范围内加热，淬火后能获得均匀细小的马氏体组织。如果加热温度过高，会使奥氏体晶粒粗大，冷却后得到粗大马氏体，使钢的韧性降低。若加热到 Ac_1～Ac_3 之间，则由于淬火组织中保留有未溶铁素体，使钢淬火后产生软点。

过共析钢的淬火加热温度为 Ac_1 +（30～50）℃，这是因为淬火组织中除有细小马氏体外，尚有未溶于奥氏体的粒状二次渗碳体存在，渗碳体的硬度比马氏体高，能增加钢的耐磨性。如果加热温度超过 Ac_{cm}，则不但二次渗碳体完全溶解于奥氏体中增加其含碳量，而且还会引起奥氏体晶粒的粗化，其结果使钢的马氏体形成点降低，淬火后得到粗大的马氏体和较大的淬火应力，并增加残余奥氏体量，从而降低了淬火硬度，增加脆性，并易产生变形和开裂。其次，高温加热还会使钢件产生较为严重的氧化与脱碳。

对于合金钢，一般也采用上述原则确定其加热温度，但合金钢中的合金碳化物很难溶解，所以其淬火温度往往要适当高些。

（2）加热时间的确定　加热时间一般包括工件加热到淬火温度所需升温时间和使工件透烧和奥氏体均匀化所需保温时间两个阶段。加热时间的确定原则是在保证整个截面温度一致及表面和中心组织充分转变的前提下，尽可能缩短，以达到节能、高效和减小氧化脱碳的目的。条件允许的情况下，尽量在低于淬火温度100～200℃先进行预热，这样既可减小变形，又可缩短保温时间，减小氧化脱碳。

加热时间可按下式计算：

$$t = aD$$

式中　t——加热时间（min）；

a——加热系数（min/mm）；

D——工件有效厚度（mm）。

工件有效厚度是根据工件的形状确定。轴类工件用直径；板类工件用厚度；套筒工件内径很小的按轴类工件，内径很大的用壁厚；圆锥形工件用距小头2/3处的直径作为有效厚度。

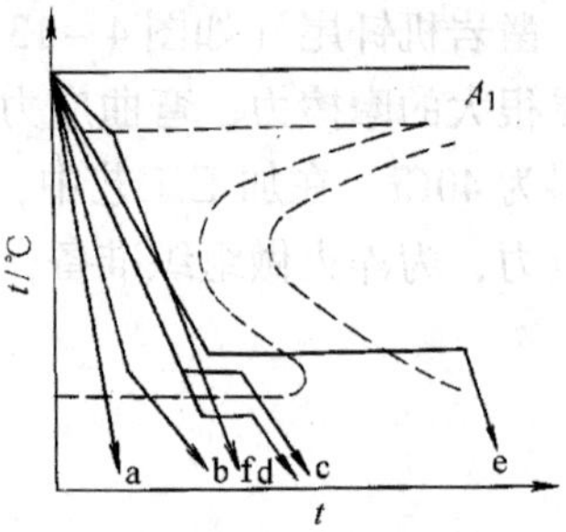

图4－15　常用淬火方法的冷却曲线示意图

a—单介质淬火　b—双介质淬火　c、d—分级淬火　e—等温淬火　f—延时淬火

（3）淬火冷却方法　如图4－15所示。

1）单介质淬火法：单介质淬火时，碳钢一般用水冷淬火，合金钢可用油冷淬火，如图4－15曲线a所示。

2）双介质淬火：如果这两种介质是水和油，那么就要先水后油（又称为水淬油冷），如图4－15曲线b所示。

3）分级淬火：马氏体分级淬火主要应用于淬透性好的合金钢或截面不大、形状复杂的碳钢工件，如图4－15中曲线c、d所示。

4）等温淬火：常用来处理形状复杂的各种模具和成形刀具等，如图4－15中曲线e所示。

为了保证钢中的奥氏体转变为马氏体，一般来说碳钢常采用水或水溶液为淬火介质；而合金钢一般采用油作为淬火介质；碱浴和硝盐浴，多用于碳钢及低合金钢的分级和等温淬火；氯化盐浴一般适用于高速钢等的分级淬火。

3. 工件在盐浴炉中加热淬火的基本操作

（1）加热　根据工件的形状及工艺要求用铁丝捆扎好工件。对有眼、孔的工件，在图样上技术要求许可时，可用石棉绳堵塞或用水玻璃堵塞，然后经烘干处理。对于高合金钢或形状比较复杂的工件，在加热之前需预热。高速钢在中温盐浴炉中预热，但盐浴炉要进行防脱碳处理。

（2）保温　工件在盐浴炉中按工艺规定的保温时间进行保温，直至达到工艺要求为止。

（3）冷却　将从盐浴炉中拿出的工件，迅速放进水槽中串动冷却到工艺规定的冷却时间后，再迅速从水槽中提起工件，合金钢工件直接在油中冷却即可。将从水槽中拿出的工件，迅速放进30～100℃的油槽中冷却，直到符合工艺要求为止（通常使工件接近油温即可），淬火后的工件应及时回火。手握铁钩手柄，将工件从油槽中拿出，放置于温度高于80℃的碱水清洗槽中进行煮洗，除净油污，以免将油污等杂质带入回火槽中。

四、钢的回火

1. 回火目的

工件淬火后必须回火，其目的是消除应力，稳定组织，调整性能。回火是通过加热、保温和冷却来实现的，但加热温度不能超过Ac_1。

2. 回火工艺

（1）回火温度的确定　按工艺温度不同，回火可分为三类：低温回火、中温回火、高温回火。

1）低温回火（150～250℃）：低温回火的目的是在保持高硬度（58～64HRC）、高强度与高耐磨性的情况下，降低淬火应力，减小钢的脆性，主要用于各种刃具、量具、冷变形模具、滚动轴承、高频淬火件等。回火后的组织为回火马氏体。

2）中温回火（300～500℃）：中温回火后的零件除了仍保持较高的强度和硬度（35～50HRC）外，还具有最高的弹性极限值和足够的韧性，主要适用于各种弹簧。回火后的组织为回火托氏体。

3）高温回火（500～650℃）：高温回火的目的是获得既有一定强度，又有良好冲击韧性的综合力学性能。回火后组织为回火索氏体。淬火后高温回火的热处理方法称为调质，大多数承受冲击、疲劳等动负荷的零件采用调质处理，而不能用正火代替。工件经调质后，硬度一般为25～35HRC，能满意地进行机械加工。进行调质处理的钢材大多是中碳结构钢，碳量过低硬度不够，碳量过高韧性不足。

（2）回火时间的确定　回火保温时间确定的原则是保证透烧均匀，组织转变充分，淬火应力基本消除，使整个截面的力学性能趋于一致。因此，回火保温时间随炉型、工件大小、装炉量和对工件的要求不同，有所差异。一般从工件入炉后，炉温升至回火温度时开始计算，回火时间为1～3h。具体回火时间可参考经验公式：

$$T_h = K_h + A_h D$$

式中　T_h——回火时间（min）；
K_h——回火时间基数；
A_h——回火时间系数；
D——工件有效厚度（mm）。

（3）回火后的冷却　回火后的冷却对回火后钢的性能影响不明显，一般采用空冷。对于某些合金钢，为了防止中温或高温回火脆性，应采用快冷（水冷或油冷）。水冷过程中产生的内应力，可再进行一次低温回火加以消除。

3. 简单实例

一机床主轴材料为45钢，要求24～28HRC，如图4－16所示。

根据零件的技术要求，对该零件采用淬火＋高温回火即调质处理。工艺如下：

（1）淬火加热温度820～840℃

（2）保温时间　根据零件形状，65mm为有效直径，选择加热系数，$a = 1.2\text{min/mm}$

则　$t = a \times D = 1.2 \times 65\text{min} = 72\text{min}$

（3）淬火冷却　该轴直径较大，选盐水～油双液淬火。盐水中停留时间为65/4＝16s后快速转入油中冷却，入油时要垂直放置。

（4）高温回火　根据硬度要求，回火温度确定为540℃，保温120min，出炉空冷。

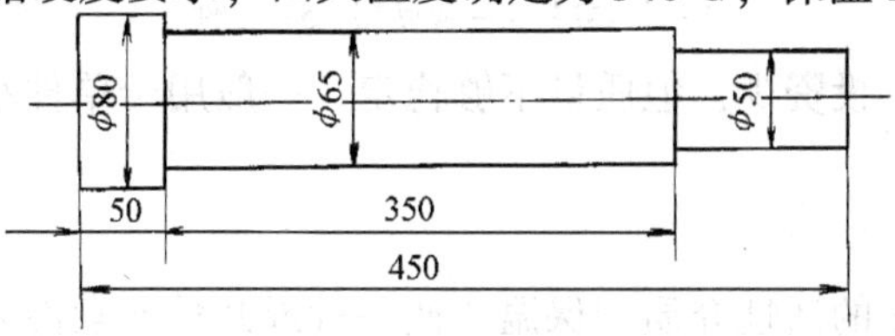

图4－16　机床主轴

五、钢的表面热处理

1. 钢的表面淬火

表面淬火是将工件表面快速加热到淬火温度，在心部还未达到淬火温度时就进行快速冷却的方法。从而使工件表面淬硬，而心部仍保持原来较高的韧性。表面淬火可为感应加热表面淬火和火焰加热表面淬火。

(1) 感应加热表面淬火

感应加热表面淬火是利用交变磁场在钢铁表面产生感应电流，利用电阻热进行加热的方法。

1) 加热原理：把工件置于通有高频电流的线圈中，如图4－17所示。线圈周围产生的交变磁场，使工件产生频率相同的涡流，而工件本身的电阻把电能转变为热能，以加热工件进行淬火。

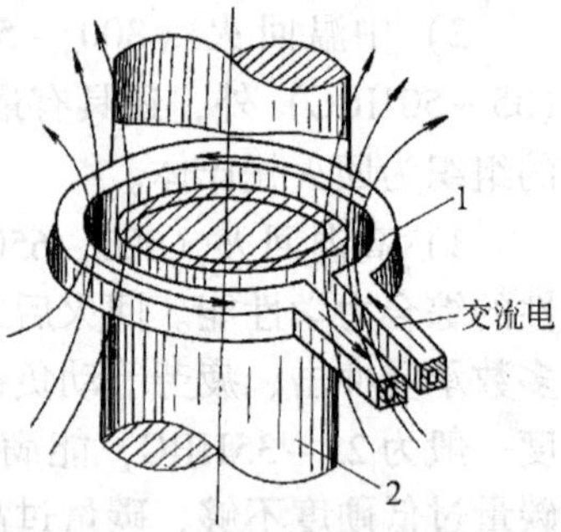

图4－17 感应加热表面淬火原理图

1—感应器 2—工件

交变电流的集肤效应，使涡流在工件内分布不均匀，表面的电流密度大，中心部分电流密度小。频率越高，电流越集中在表层，加热深度也越浅。因此，工件淬硬层的厚度与电流的频率有关。通过改变线圈电流的频率可控制工件淬硬层深度。

感应加热根据电流的频率不同，可分为高频、中频及工频感应加热。高频感应加热频率在100～500kHz之间，集肤效应明显，表面淬硬层1～2mm；中频感应加热频率为0.5～10 kHz，淬硬层3～5mm；工频感应加热频率50Hz，用于大型工件的表面淬火。

2) 感应加热特点：加热速度快，加热时间短；淬硬层容易控制，表面硬度高；淬火变形小，氧化脱碳少；生产效率高，便于实现机械化。但感应加热设备较复杂，维修、调整较难，投资较大。对复杂工件的感应器制作困难，适合批量生产。

(2) 火焰加热表面淬火

火焰加热表面淬火是利用氧乙炔（或其它可燃气体）火焰（可达3000～3200℃），喷射在工件表面，使之快速加热到淬火温度然后喷水或乳化液冷却，或将工件置于水中或油中淬火冷却，达到表面硬化的目的，如图4－18所示。

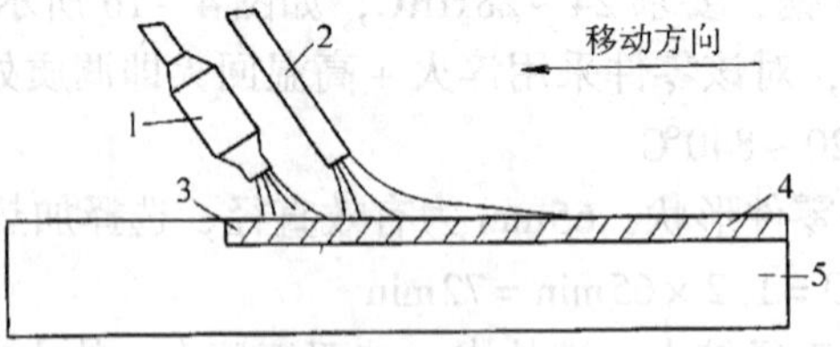

图4－18 火焰表面淬火示意图

1—烧嘴 2—喷水管

3—加热层 4—淬硬层 5—工件

这种方法设备简单、投资少，但质量不够稳定，一般用于单件小批生产及大件的局部表面淬火。

2. 钢的化学热处理

将工件置于一定温度的活性介质中保温，使一种或几种元素渗入它的表层，以改变其化学成分、组织和性能的热处理工艺称为化学热处理。

（1）化学热处理目的　提高钢的表面硬度、耐磨性、耐蚀性、耐热性与疲劳强度，心部则仍保持高的塑性与韧性。

（2）化学热处理类型　根据渗入元素所起的作用，化学热处理可分为两大基本类型。

1）提高表面力学性能的化学热处理，主要目的是提高工件和刀具表面的疲劳强度、硬度等力学性能，如渗氮、渗碳、碳氮共渗等。

2）提高表面化学稳定性的化学热处理，如渗铬、渗铝、渗硅可以达到表面抗腐蚀的作用和提高表面的化学稳定性。

无论哪类化学热处理，都是通过介质的分解、活性原子的吸收以及渗入原子的扩散三个基本过程来完成的。

（3）气体渗碳工艺方法　如图4－19所示。

1）准备工作。检查设备的密封部位（盘根）和风扇；控温仪表是否灵敏正常；渗剂容器中是否有定量的渗剂；清理工件表面并对非渗碳部位采取防渗措施；将试块与工件一起装入料筐；工件的间距大于5～10mm，以保证渗碳畅通。

2）升温和装炉。送电升温，当炉温高于900℃时，将料筐装入气体渗碳炉中；盖好盖，继续升温到930℃（常规渗碳温度），如图4－20所示。

3）排气阶段。零件装炉后，必将引起炉温降低，同时带入大量空气。排气阶段的作用在于恢复炉温到规定的渗碳温度；尽快排除炉内空气，得到渗碳气氛。通常采取加大渗剂的流量，使炉内氧化性气氛迅速减少，并打开试样孔，加快排气。

4）渗碳阶段。升温到预定的渗碳温度后便可开始保温，同时向试样孔内放入观察试棒，并调整渗剂滴量。渗碳温度一般为930℃，在渗碳阶段，炉内气压保持在200～300Pa，此时正常的炉内气氛应是火苗呈浅黄色，没有黑烟及白亮的光束或光星，火苗长约100～200mm，渗碳的后期为扩散期，应进一步减小渗剂滴量，保证良好的表层组织以及平缓的过渡层。

5）出炉和冷却。保温结束前0.5h检验第一根试棒，根据测定的结果确定出炉时间，出炉后的冷却方式有三种，空冷、缓冷、坑冷却和空冷到适当温度直接淬火。

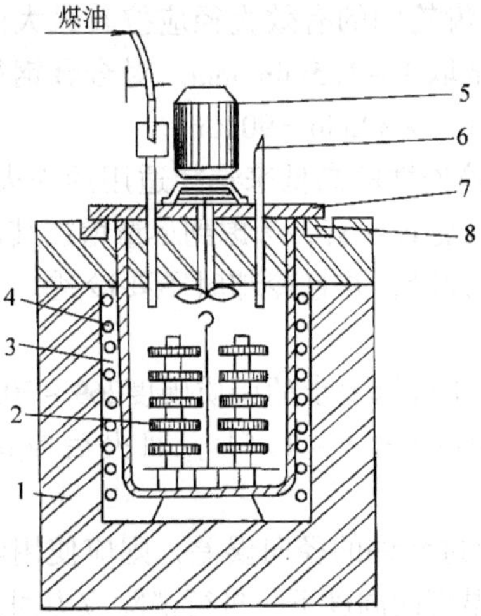

图4－19　气体渗碳示意图

1—炉体　2—工件　3—耐热罐　4—电阻丝
5—风扇电动机　6—废气火焰　7—炉盖　8—砂封

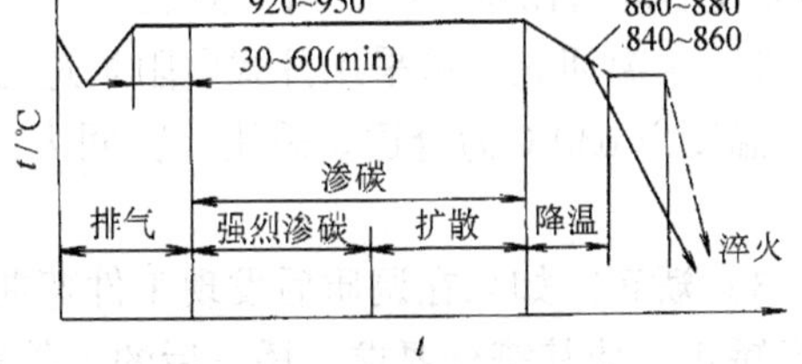

图4－20　井式炉气体渗碳典型工艺

六、典型零件热处理实例

1. 齿轮轴毛坯（如图4－21所示）的热处理

材料为40Cr，其技术要求为硬度269～302HBS，径向跳动误差不大于1mm

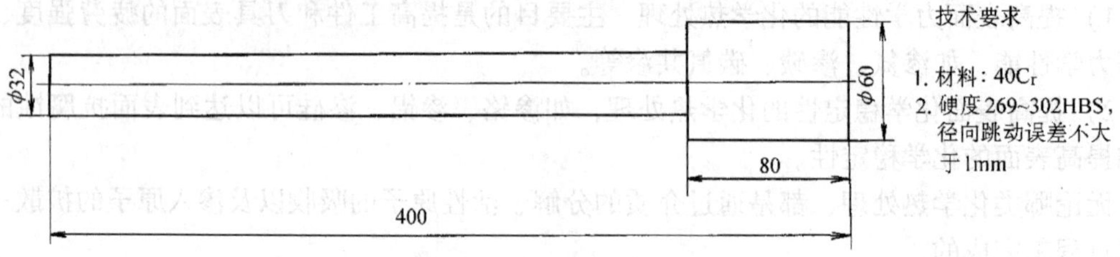

图4－21　齿轮轴毛坯的热处理

（1）准备工作

1）看懂齿轮轴工件的图样及热处理技术要求，选择适合夹持本工件垂直淬火用的夹具。

2）对所使用的箱式电阻炉进行全面检查。

3）对工件进行检查。经机加工后的工件不得留有未加工掉的氧化皮，工件上的锐角要倒钝，以减少尖角部分的淬火应力。

（2）热处理工艺及操作

1）淬火。淬火时应注意淬火温度、加热时间以及冷却方法。

淬火温度。40Cr钢属于合金结构钢，对于合金结构钢来说，在加热时，为了使合金元素充分溶入奥氏体中，增加过冷奥氏体的稳定性，增加淬硬层深度，其常用淬火温度为$Ac_3+(30\sim50)$℃。

本齿轮轴用40Cr钢制造，轴的有效直径（厚度）为ϕ60mm。该工件形状较简单，没有较大的截面差，若用油冷，应选用其常用的淬火温度840～860℃的上限。但现在考虑为了增加其淬硬层深度，而采用水冷，所以选取淬火温度的下限，即840℃。

加热时间。加热时间是按经验公式：

加热时间＝加热系数×有效直径（厚度）计算。齿轮轴的有效直径应按其最大的直径60mm计算。碳钢及合金钢在箱式炉中的加热系数通常取1～1.5min/mm。对合金钢往往取其较大的系数，即1.5min/mm。这样，加热时间则为1.5×60min＝90min。

冷却。淬火冷却应根据工件尺寸形状大小和钢的淬透性的高低来选择适用的淬火介质。除碳钢外，一般调质钢的工件都可在油中冷却。对本齿轮轴而言，考虑到尽量增加其淬硬层深度，选择在流动清水中冷却。工件在入水前要经过预冷，并且冷却时不要冷透，工件在200℃左右时可出水空冷，避免开裂。

2）高温回火。可采用井式电阻炉进行回火。根据工件所要求的调质硬度269～302HBS，回火温度以630℃为合适。采用一次回火，其保温度时间为1～1.5h。回火后空冷到室温。

3）矫正。如果在调质后发现工件弯曲量较大，超过允许的径向误差，则应使用液压机进行矫正，使其符合要求，矫正后的工件在低于回火温度的温度下，进行消除应力回火。

（3）操作要领

1）淬火操作。淬火时，必须采用垂直入水的方法，并掌握好出水温度在200℃左右。

2）回火。严格监视控温仪表，工作时使其保证在630±5℃范围内，回火保温时间应不少于 1h。

3）更换搁砖。更换时应首先从已坏搁砖的中间进行剔除操作，防止伤及相邻的完好搁砖。

（4）容易出现的问题和解决方法

1）弯曲变形。为防止工件的弯曲变形，在淬火操作时，应将工件垂直入水，并在水中作上下运动进行冷却，以加快其冷却速度和减少工件变形，若出现弯曲变形时，可用矫正压力液压机进行矫正。矫正后的工件应进行适当的消除应力回火处理。

2）工件开裂。由于本工件的调质处理采用了水冷方式，若冷却温度过低或回火不及时，在其应力集中的尖角处易形成裂纹。所以必须控制出水温度和保证及时回火，以免发生工件开裂现象。

2. 65Mn 钢弹簧夹头（如图 4－22 所示）的热处理

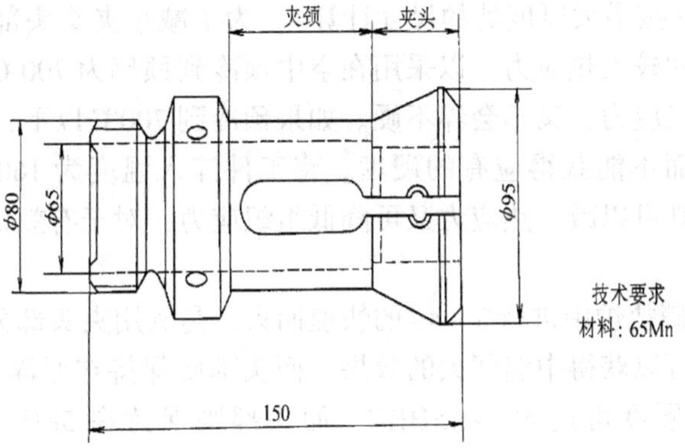

图 4－22　弹簧夹头

（1）准备工作

1）对所使用的加热设备中温盐浴炉进行全面检查，完好无损后方可使用。开炉升温，在炉温达到 880℃左右时进行脱氧。将二氧化钛和硅胶盐浴校正剂按 2:1 的比例混合均匀，每百千克盐浴加入 1.2kg 的混合盐浴校正剂脱氧。脱氧剂加入 30min 后，炉子降温至 820℃左右捞渣备用。

2）对炉温进行校准。

3）对弹簧夹头进行清洗、烘干。并在夹头颈部用直径为 2～3mm 的石棉绳缠绕（如图 4－23 所示），再用细铁丝固定。

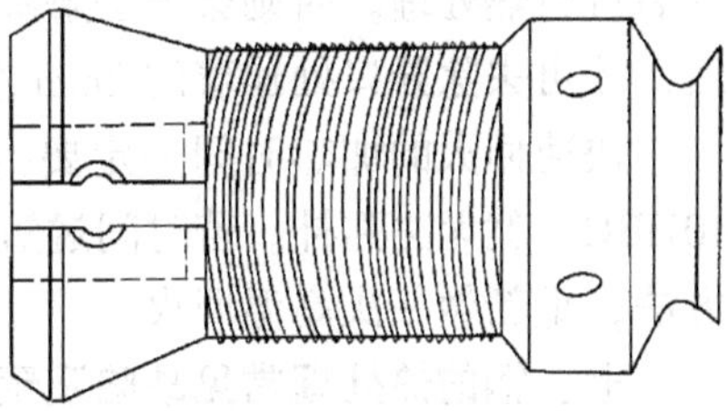

图 4－23　弹簧颈部缠绕石棉绳示意图

4）夹头在制造过程中，其毛坯应经过780～810℃加热，保温 40～60min，然后空冷（正火处理），并于箱式炉中加热到 680～700℃，保温 1～2h，这样使夹头中的渗碳体和珠光体球化，为最终热处理淬火作好组织准备；在夹头头部切槽的加工时，在端面口部留 2mm 左右不予切断。在热处理后的最后磨削时切断，以保证夹头头部内径不变形。

（2）热处理工艺

1）淬火。将绑扎好的工件（包括绑扎好夹头颈部的石棉绳和铁丝固定，在预热电炉中于500℃时预热20min，转入810～830℃盐浴炉中加热10～15min，也可先将夹头头部加热10min，再全部浸入盐浴中加热5min，然后出炉在空气中预冷到700℃左右（目测温度，呈紫红色），淬入分级淬火槽中停留10min（分级槽温度为160～180℃），出炉空冷到室温，完成淬火工序。

2）回火。采用高温快速回火工艺。把冷却到室温的工件，拆除石棉绳，清洗、烘干，然后放入500～520℃的硝盐炉中回火3～4s。出炉空冷至室温。然后再在低温硝盐槽（分级淬火用硝盐即可）回火60min，出炉空冷。

（3）操作要领　由于弹簧夹头部与颈部的有效厚度相差很大，且硬度要求也不同，所以65Mn钢弹簧夹头的热处理工艺较复杂，操作上有一定的难度。

为了减小热处理变形，在500℃时预热10～20min，再进入中温盐浴炉中加热，这样可减小温差，降低加热应力。65Mn钢的淬火加热温度为810～830℃，在盐浴炉中的加热时间一般按30s/mm计算（按最大厚度处的尺寸计算）。为了减小夹头头部和颈部因尺寸相差大而在冷却过程中产生的较大热应力，以采用在空中预冷到颈部为700℃左右的方法为主，这样既可以有效地降低热应力，又不会淬不硬。如果预冷到700℃以下，则可能会使夹头头颈部分的奥氏体分解，而不能获得应有的硬度。将工件淬入温度为160～180℃的硝盐浴中，采用分级淬火工艺，既可以减少热应力又可降低组织应力，对于有效地降低夹头的淬火变形是十分重要的。

在500～520℃的硝盐炉中进行3～4s的快速回火，是利用夹头部分的截面尺寸大，颈部截面尺寸小，即颈部可以获得中温回火的效果，而头部则保持在原淬火态或是低温回火态。这样，颈部回火后的硬度可达40～45HRC，而头部则保持在58HRC以上。此后再进行180℃低温回火，使颈部与头部组织稳定，并进一步消除内应力。

操作中的关键是盐浴炉加热后，掌握在空气中的预冷温度。温度太高达不到减少截面差和温度梯度大造成的热应力；若低于700℃，又会使颈部出现非马氏体组织，影响淬火质量。其次，在快速回火时要掌握好时间，实际上同在500～520℃加热，颈部由于较薄可达到中温回火的效果，使硬度符合40～50HRC。

（4）容易出现的问题和解决方法　弹簧夹头在机加工时，切不可将头部3个槽完全切开后进行热处理。否则会无法解决夹头内孔的变形问题。只有待全部热处理工序完成并粗磨后，才可去除开口处连着的2mm左右的部分。

快速回火的加热时间一定要找准，切不可时间过长。一旦时间过长，颈部硬度会低于40HRC，就无法弥补。若时间过短，硬度稍高于45HRC，还可以用稍延长一下加热时间的方法，重新做一次高温回火。

七、钢的热处理常见缺陷及预防措施

1. 退火和正火缺陷及预防措施见表4－2

表4－2　退火和正火缺陷产生原因及预防措施

缺陷名称	产生原因	预防措施
过热和过烧	因工艺不当或设备控温仪表失灵致使工件加热温度过高，加上保温时间太长	正确的制订退火，正火工艺，经常检修仪表 操作者要经常观察炉内温度

（续）

缺陷名称	产生原因	预防措施
网状碳化物	加热温度过高或冷却速度极其缓慢，导致二次渗碳体沿奥氏体晶界析出	对过共析钢要严格控制加热温度
硬度过高	球化退火或等温退火工艺不当	严格控制工艺参数
脱碳	一是没有采取保护措施 二是加热温度过高，时间过长	正火或退火的工件装在铁箱内，用铸铁屑或硅砂覆盖起来，再用耐火泥封好箱盖 二是对于要求严格的精密工件，可采用保护气氛加热炉或真空炉进行退火

2. 淬火缺陷及防止措施见表4－3

表4－3　淬火缺陷产生原因及预防措施

缺陷名称	产生原因	预防措施
淬火冷却变形	淬火加热和急冷硬化	合理的零件结构设计，正确地选用钢材，合适的热处理技术
淬火冷却开裂	过热、脱碳、冷却速度过快、冷却操作不当、淬火后未及时回火	合理的零件结构设计，正确地选用钢材，合适的热处理技术要求及正确地锻造和预先热处理，冷加工的合理配合
过热与过烧	与退火、正火基本相同。	与退火、正火基本相同。
硬度不足	加热温度偏低或过高、冷却速度过慢、预冷时间过长或双介质淬火时水冷时间过短、工件表面脱碳等	选用合理的热处理工艺
软点	原材料的金相组织不均匀；加热温度低，保温时间不足；冷却不均匀	对工件进行无氧化加热和选择好的淬火介质

3. 回火缺陷及防止措施见表4－4

表4－4　回火缺陷产生原因及预防措施

缺陷名称	产生原因	预防措施
硬度过高	回火温度偏低，回火保温时间不充分，装炉量过大	采用正确的回火工艺，并调整工艺参数和装炉量，进行重新回火
硬度不足	淬火后硬度偏低，回火温度过高；回火工艺温度不合理	经退火，正火或高温回火后再重新淬火回火

操　作　实　训

1. 参观各种热处理加热炉并了解其作用。做好如下记录：加热炉的名称、型号和主要性能参数（最高加热温度、炉膛尺寸和功率等）。

2. 独立完成简单工件的热处理以及热处理工艺参数的制定。做好如下记录：零件名称、材料、热处理目的、加热炉名称与型号、加热温度、保温时间、冷却方式等。

3. 完成中等复杂程度工件的热处理以及热处理工艺参数的制定（适用热处理专业实习用）。

第三节 硬度测试

热处理的质量，通常用测量硬度的方法来检验。硬度的表示方法很多，使用最多的是布氏硬度（以 HBS 或 HBW 表示）和洛氏硬度（以 HRC 表示）。

一、布氏硬度

图 4－24 是布氏硬度测定原理示意图。将一个一定直径 D 的硬钢球，在一定载荷 P 作用下压入所试验的金属材料表面，并保持数秒钟以保证达到稳定状态，然后将载荷卸除。用带有标尺的低倍显微镜测量表面的压痕直径 d，再从硬度换算表上换算成布氏硬度值。材料越硬，压痕的直径就越小，布氏硬度值越大；反之，材料越软，压痕的直径就越大，布氏硬度值越小。

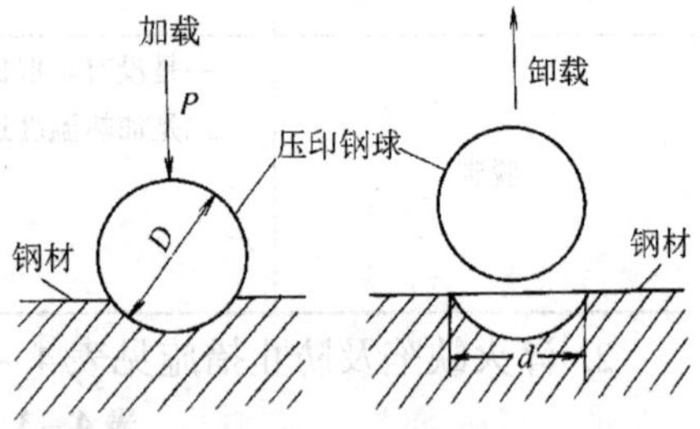

图 4－24 布氏硬度测定原理示意图

二、洛氏硬度

图 4－25 是洛氏硬度测定过程的示意图。测量方法是用一个顶角为 120°的金刚石圆锥体作为压头。测量时先加 98N 的初载荷，使压头与工件的表面接触良好，同时将硬度计上的刻度盘指针对准零点（图 4－25a），再加上 1372N 的主载荷（与初载荷共为 1470N），使金钢石圆锥压入工件表面（图 4－25b），停留一定时间后将主载卸去，材料会回弹少许（图 4－25c）。此时的压痕深度 h（$=h_2-h_1$），就是测量硬度的依据。为方便起见，将洛氏硬度值定为 HRC＝100－h/0.002（表盘上每一格相当于 0.002mm 深度）。实际测量时，这一数值可以由刻度盘上直接读出，非常方便。

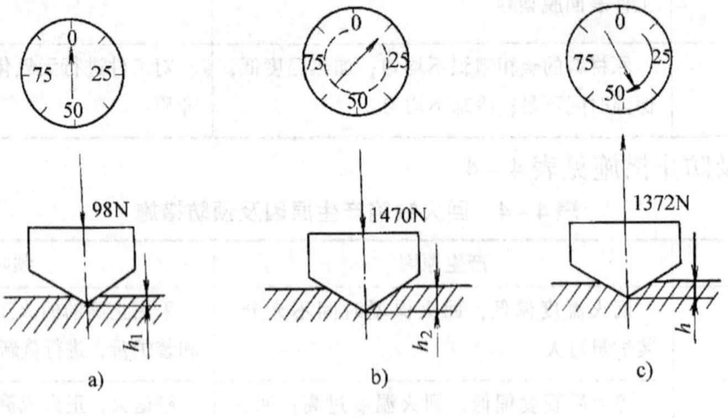

图 4－25 洛氏硬度测量过程示意图

三、注意事项

1）被测试样表面应平整光洁，不得有氧化皮或油污以及明显的加工痕迹。

2）被测试样厚度不得小于压入深度的 10 倍。

3）在试样制备过程中，应尽量避免由于受热及冷加工对试样表面造成的影响。

4）试样被测位置应能代表整个零件的主要力学性能。

5）操作者在使用读数显微镜时，注意力应集中。

6）在使用读数显微镜时，光线应均匀，亮度应充分，确保在试验面和压痕间产生较大的反差，以保证测量精度。

操 作 实 训

对实习中的各种热处理工件进行硬度测定。

复 习 思 考 题

1. 说出常见的热处理缺陷。
2. 制定一般钻头（W18Cr4V）的热处理工艺。
3. 分析 T8 钢的火花形态。
4. 常用的加热炉有哪几种？
5. 盐浴淬火、硝盐、回火时应注意哪些问题？
6. 钢在热处理时，如何合理选择退火与正火工艺？
7. 淬火时应注意哪些问题？
8. 说明下列工件淬火后的回火方法：①手锯条；②弹簧夹头；③齿轮轴。

参 考 文 献

1 欧近希．热加工实习．北京：机械工业出版社，1993
2 金禧德．金工实习．北京：高等教育出版社，1992
3 丁根宝．铸造生产基础．北京：机械工业出版社，1993
4 刘森．铸造工基本技术．北京：金盾出版社，1997
5 劳动部教材办公室编写组．锻工工艺学．北京：中国劳动出版社，1996
6 劳动人事部培训就业局．焊工生产实习．北京：劳动人事出版社，1987
7 陈文明，高殿玉．金属工艺学实习教材．北京：机械工业出版社，1992
8 陈文珠．热处理生产基础．北京：机械工业出版社，1993